Statistik für Ingenieure

Hartmut Schiefer · Felix Schiefer

Statistik für Ingenieure

Eine Einführung mit Beispielen aus der Praxis

Hartmut Schiefer
Mönchweiler, Deutschland

Felix Schiefer
Stuttgart, Deutschland

ISBN 978-3-658-20639-0
ISBN 978-3-658-20640-6 (eBook)
https://doi.org/10.1007/978-3-658-20640-6

Die Deutsche Nationalbibliothek verzeichnet diese Publikation in der Deutschen Nationalbibliografie; detaillierte bibliografische Daten sind im Internet über http://dnb.d-nb.de abrufbar.

Springer Vieweg

Lektorat: Thomas Zipsner

Gedruckt auf säurefreiem und chlorfrei gebleichtem Papier

Springer Vieweg ist ein Imprint der eingetragenen Gesellschaft Springer Fachmedien Wiesbaden GmbH und ist ein Teil von Springer Nature.
Die Anschrift der Gesellschaft ist: Abraham-Lincoln-Str. 46, 65189 Wiesbaden, Germany

Es gibt zu jeder technischen Aufgabe zumindest eine Lösung,
und zu jeder Lösung existiert eine bessere.

Vorwort

Der Ingenieur nutzt in vielfältiger Weise statistische Methoden in seiner Arbeit. Dabei ergibt sich aus den wirtschaftlichen und wissenschaftlich-technischen Anforderungen der Zwang, bessere Kenntnisse über technische Systeme wie deren Ursache-Wirkung-Beziehung, die genauere Erfassung und Beschreibung von Versuchs- und Beobachtungsdaten und der Führung von technischen Prozessen zu erhalten.

Wir sind Ingenieure und für Ingenieure ist die Mathematik und damit auch die Statistik Arbeitsmittel. Wir verwenden mathematische Methoden in vielfältiger Weise. Und Ingenieure haben beeindruckende Beiträge zur Lösung mathematischer Aufgabenstellungen erbracht. Ich denke dabei an die Lösung der Fourier'schen Differentialgleichung durch numerische Diskretisierung von L. Binder (1910) und E. Schmidt (1924), an die Elastostatik-Element-Methode (ESEM, später als FEM bezeichnet) von A. Zimmer in den 1950er Jahren und an K. Zuse, der mit dem frei programmierbaren Rechner mit binären Zahlen (Z1-1937) Nestor moderner Rechentechnik ist.

Die vorliegenden Ausführungen sind eine Einführung in die statistischen Methoden, wie sie im Ingenieurbereich Anwendung finden. Ingenieure stehen immer unter dem Zwang, Zeit, Kosten und Material zu sparen. Dies kann der Ingenieur aber nur, wenn er die Kette von der Konstruktion über die Fertigung bis zur Anwendung des Produktes möglichst genau kennt. Die Statistik ist ein wichtiges Handwerkszeug, um diese Kenntnis der Zusammenhänge herzustellen.

Die technische Entwicklung geht einher mit einer Zunahme des Datenaufkommens in einem bisher nicht gekannten Ausmaß. In allen Bereichen ist dies feststellbar, in der Medizin ebenso wie im Ingenieurbereich und in den Naturwissenschaften. Diese Datenfülle zur tieferen Durchdringung von Ursache und Wirkung auszuwerten, ist Herausforderung und Chance zugleich. Mit der phänomenologischen Beschreibung des Zusammenhangs von Ursache und Wirkung wird die weitere theoretische Durchdringung ermöglicht – vom phänomenologischen Modell zur physikalisch-technischen Beschreibung.

Dieses Lehrbuch soll dazu beitragen, dass statistische Methoden breiter angewendet werden. Durch die Anwendung statistischer Methoden wird erreicht, dass statistisch fundierte Aussagen vorliegen, der Versuchsaufwand verringert wird, dass Versuchsergebnisse vollständig ausgewertet werden, also mehr und statistisch gesicherte Informationen aus den statistisch geplanten Versuchen oder aus Beobachtungen gewonnen werden. Insgesamt kann durch die Anwendung der statistischen Methoden erreicht werden, dass effektiver und effizienter entwickelt, kostengünstiger und prozesssicherer gefertigt und bei Schadensfällen die Ursachen schneller gefunden werden.

Die in sieben Kapiteln dargestellten Inhalte statistischer Methoden sollen den Zugang zu der ausführlichen und umfangreichen Literatur in Büchern sowie im Internet erleichtern. In Beispielen wird die Anwendung dieser Methoden gezeigt.

Die vorliegenden Inhalte können hoffentlich eine kleine Brücke bauen zwischen Statistiker und Ingenieur.

Bitte nutzen Sie auch die Berechnungsangebote im Internet. Für Anregungen zur Verbesserung des Inhaltes und Hinweise auf Fehler sind wir dankbar.

Herrn Thomas Zipsner vom Verlag Springer Vieweg danken wir für die konstruktive Zusammenarbeit.

Mönchweiler und Stuttgart, Frühjahr 2018

Hartmut Schiefer
Felix Schiefer

Verzeichnis der Kurzzeichen

B	Bestimmtheitsmaß ($r^2 = B$)
c	Anzahl der fehlerhaften Teile
c_m	Maschinenbeherrschbarkeit
c_mk	Maschinenfähigkeit
c_p	Prozessbeherrschbarkeit
c_pk	Prozessfähigkeit
D	Durchschlupf
e	Residuum (Rest)
F	Beiwert nach Fischer (F-Verteilung, F-Test)
f	Freiheitsgrad
f_x	Vertrauensbereich für Messwerte
f_{xi}	Streumaß für Messwerte
$G_{y\mathrm{m}}$	Fehlergrenze, absolute maximale
$G_{y\mathrm{s}}$	Fehlergrenze, absolute statistische
H_j	theoretische Häufigkeit
h_j	empirische Häufigkeit, relative Häufigkeit
H_0	Nullhypothese
H_1	Gegenhypothese
K	Spannweitenkoeffizient
k	Anzahl der Klassen
$L(p)$	Annahmekennlinie, Operationscharakteristik
N	Anzahl der Werte der Grundgesamtheit
n	Stichprobenzahl, Anzahl der Messwerte
n_x	Anzahl bestimmter Ereignisse
P	Grundwahrscheinlichkeit
p	mittlere Wahrscheinlichkeit, Annahmewahrscheinlichkeit
Q	Grundgegenwahrscheinlichkeit
R	Spannweite
r	Korrelationskoeffizient
S	statistische Sicherheit

s	Standardabweichung, Streuung der Stichprobe
s^2	Varianz der Stichprobe, Dispersion
t	Beiwert nach Student (t-Verteilung, t-Test)
u_x, u_y	zufälliger Fehler, Unsicherheit
Z	Streuzahl
z	z-Transformation
$\overline{x}$	arithmetisches Mittel der Stichprobe
$\overline{y}$	Mittelwert von y
x_{D}	häufigster Wert, Modalwert, Dichtemittel
$\overline{x}_{\mathrm{G}}$	Geometrisches Mittel
$\overline{x}_{\mathrm{H}}$	Harmonisches Mittel, reziproker Mittelwert
x_i	Messwert, Einzelmesswert
x_{z}	Zentralwert, Median
α	Irrtumswahrscheinlichkeit, Herstellerrisiko, Lieferantenrisiko
α	Signifikanzniveau, Fehler erster Art
β	Fehler zweiter Art
β	Abnehmerrisiko
γ	Schiefe
$\Delta x, \Delta y$	Unrichtigkeit, systematischer Fehler
δ_{x}	systematischer Fehler
η	Exzess
λ	Wert der Normalverteilung
μ	Mittelwert der Grundgesamtheit
ν	Variationskoeffizient, Variabilitätskoeffizient
σ	Standardabweichung, Streuung der Grundgesamtheit
σ^2	Varianz der Grundgesamtheit
$\Phi(x)$	Verteilungsfunktion
$\varphi(x)$	Dichtefunktion
χ^2	Beiwert nach Helmert/Pearson (χ^2-Verteilung, χ^2-Test)

Inhaltsverzeichnis

Statistische Versuchsplanung, Design of Experiments (DoE) 1

Die Versuchsplanung ist Mittel und Methode bei einer Ursache-Wirkung-Beziehung den Zusammenhang in der erforderlichen Genauigkeit und dem notwendigen Umfang unter möglichst geringem Aufwand an Zeit, Material u. a. zu bestimmen.

> „Aus einer gegebenen bestimmten Ursache folgt notwendig eine Wirkung, und umgekehrt; wenn keine bestimmte Ursache gegeben ist, kann unmöglich eine Wirkung folgen." Baruch de Spinoza (1632–1677), Die Ethik

1.1 Planen von Versuchen

Bei Versuchen wird die Frage beantwortet, welche Wirkungsart und Wirkungshöhe die Einflussgrößen (Faktoren, Veränderliche) auf das Ergebnis, die Zielgröße oder Zielgrößen haben. Um dies zu erreichen, muss die Einflussgröße bzw. müssen die Einflussgrößen variiert werden, um am Ergebnis die Wirkung bestimmen zu können.

In einfacher Weise lässt sich die Aufgabe als „black box" formulieren, siehe Abb. 1.1.

Zu definieren sind damit die Einflussgrößen (konstant, variabel), die Zielgröße/Zielgrößen und der Versuchsbereich, auch als Versuchsraum bezeichnet.

Ohne statistische Prüfverfahren ist eine objektive Beurteilung von Ergebnissen nicht möglich. Dies erfordert bei der Planung der Versuche dafür zu sorgen, dass die erforderlichen statistischen Ergebnisse vorliegen, also die versuchstechnisch gestellte Frage beantwortet werden kann. Dazu muss die Fragestellung durchdacht und die Abfolge der Aktivitäten bestimmt werden.

Im Gegensatz zum Versuch wird bei der Beobachtung kein Einfluss auf die Ursache-Wirkung-Beziehung genommen. Aber auch bei Beobachtungen sollte planmäßig vorgegangen werden, um zum Beispiel bestimmte Einflüsse bewusst auszuschließen oder einzubeziehen. In der Auswertung der Ergebnisse können trotz der Unterschiede zwischen Versuch und Beobachtung gleiche Methoden verwendet werden.

H. Schiefer, F. Schiefer, *Statistik für Ingenieure*, https://doi.org/10.1007/978-3-658-20640-6_1

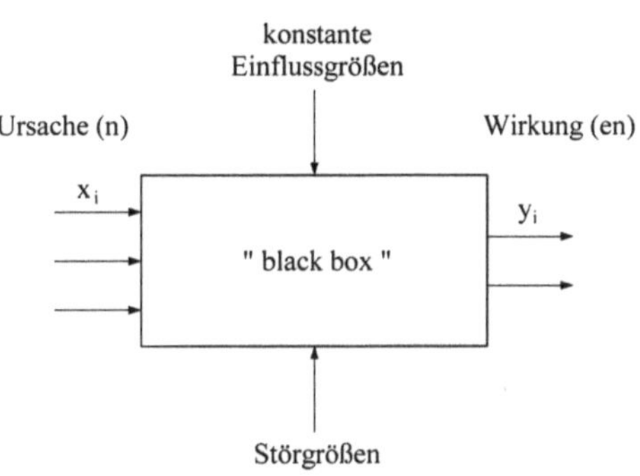

Abb. 1.1 Die Ursache-Wirkung-Beziehung als „black box“

1.1.1 Grundbegriffe

- Die Versuchseinheit (Untersuchungseinheit) ist das zu untersuchende System.
- Das Verfahren ist die Einwirkungsart auf die Versuchseinheit.
- Die Einflussgröße ist eine unabhängig einstellbare Größe; sie wird im Versuch variiert (Variable) oder ist konstant.
- Eine Variable ist entweder eine diskrete (diskontinuierliche) Variable, die nur ganz bestimmte Werte annehmen kann, oder eine stetige (kontinuierliche) Variable mit beliebigen Werten der reellen Zahlen.
- Die Zielgröße ist eine von den Einflussgrößen abhängige Variable.
- Der Versuchsbereich/Versuchsraum ist der vorgegebene oder gewählte Bereich, in dem die Einflussgrößen variiert werden.
- Die Stufen der Einflussgrößen sind ihre Einstellwerte.
- Der Versuchspunkt ist definiert durch die Einstellwerte aller variablen und konstanten Einflussgrößen.
- Der Versuchsplan ist das gesamte Programm der durchzuführenden Versuche, systematisch abgeleitet entsprechend der Fragestellung. Bei einem Versuchsplan erster Ordnung zum Beispiel variieren die Einflussgrößen in zwei Stufen, bei einem Plan zweiter Ordnung in drei Stufen.

Störende Einflüsse auf den Versuch werden ausgeschaltet durch die Kovarianzanalyse bei bekannten qualitativ messbaren Störgrößen, durch Blockbildung und durch Zufallszuteilung der Versuchspunkte.

1.1.2 Grundprinzipien der Versuchsplanung

Bei der Planung, Durchführung und Auswertung von Versuchen oder Beobachtungen sind im Allgemeinen folgende Grundprinzipien anzuwenden:

Wiederholen der Versuche

Um die Streuung zu bestimmen sind am Versuchspunkt mehrere Messungen erforderlich, damit sind dann Aussagen über den Konfidenzbereich (siehe Abschn. 2.3.2) möglich. Bei optimierten Versuchsplänen sind pro Versuchspunkt zwei Messungen sinnvoll.

Mit zunehmender Anzahl von Messungen am Versuchspunkt nähert sich der Mittelwert der Stichprobe $\overline{x}$ dem Wert der Grundgesamtheit an (siehe Kap. 2); der Vertrauensbereich (Konfidenzbereich) wird kleiner.

Zufallszuteilung (Randomisierung)

Die Zuteilung im vordefinierten Versuchsraum/Versuchsbereich muss zufällig erfolgen. Dadurch wird erreicht, dass Trends im Versuchsraum, wie zum Beispiel zeit- oder ortsbedingte Trends, nicht das Ergebnis verfälschen. Treten solche Trends auf, so erhöht sich durch Zufallszuteilung die Streuung. Ist dagegen der Trend bekannt, kann er als weitere Einflussgröße berücksichtigt werden und verringert damit die Streuung.

Beispiel eines Trends, insbesondere bei einem umfangreichen Versuchsplan, sind Temperatur- und Feuchtigkeitsänderungen infolge von jahreszeitlichen Einflüssen.

Blockbildung

Ein Block vereinigt Versuche, die in einem wesentlichen Merkmal oder Faktor übereinstimmen. Die Bewertung/Berechnung der Wirkung der Einflussgrößen erfolgt dann innerhalb der Blöcke. Ist das Merkmal, dass die Blöcke charakterisiert, quantifizierbar, so ist sein Einfluss im Versuchsbereich berechenbar. Damit wird wiederum die Streuung in der Beschreibung der Ursache-Wirkung-Beziehung verringert. Die Blöcke sollten möglichst den gleichen Umfang haben.

Beispiel zur Blockbildung

Aus Aluminiumhalbzeug werden Fertigteile hergestellt mit einer Festigkeit in einem vereinbarten Bereich. Das Halbzeug wird von zwei Herstellern geliefert. Die Festigkeitsprüfung an Stichproben des Halbzeugs beider Lieferanten zeigt eine relativ große Streuung der Werte im vereinbarten Festigkeitsbereich. Bei einer getrennten Auswertung der Werte beider Lieferanten wird festgestellt, dass sich die Halbzeuge in ihrem Eigenschaftsniveau unterscheiden. Die Mittelwerte und Streuungen sind unterschiedlich. Durch diese Blockbildung, jeder Lieferant bildet einen Block, wird ersichtlich, welche Halbzeugqualität jeweils vorliegt. Andere Beispiele für mögliche Blockbildung sind:

- Sommerbetrieb bzw. Winterbetrieb einer Fertigungsanlage
- Blockbildung bei Chargenwechsel

Symmetrischer Aufbau des Versuchsplanes

Durch einen symmetrischen Aufbau im Versuchsbereich/Versuchsraum wird eine vollständige Auswertung der Ergebnisse ermöglicht, ein Informationsverlust wird vermieden.

Aus Machbarkeitsgründen, zum Beispiel aus Kostengründen wird unter Umständen auf Symmetrie des Versuchsplanes verzichtet.

Bei unbekannten Ergebnisflächen im Versuchsbereich ist Symmetrie des Versuchsplanes, d. h. die symmetrische Verteilung der Versuchspunkte anzustreben. Ist die Ergebnisfläche durch die Versuche bestimmt oder bereits bekannt, kann die Symmetrie aufgegeben werden. Insbesondere können in einem benachbarten Bereich weitere Versuche durchgeführt werden, um die Ergebnisse in diesem Bereich weiter zu verfolgen, zum Beispiel bei einer Optimierung.

1.1.3 Durchführen von Versuchen

Vorgehensweise

Die systematische Vorgehensweise beim Experimentieren ermöglicht, die Fragestellung der Versuche unter wirtschaftlichen Bedingungen zu beantworten. Fehler werden vermieden. Als allgemeine Vorgehensweise lässt sich der folgende Ablauf formulieren:

Beschreibung der Ausgangssituation

Zu definieren ist die Versuchseinheit, das zu untersuchende System. Dazu lohnt es sich, das System als „black box“ zu betrachten (siehe Kapitel 1.1) und alle physikalisch-technischen Größen zu erfassen. Das betrifft also die zu untersuchenden Einflussgrößen (Variable), die im Experiment konstant zu haltenden Größen, Störgrößen und die Zielgröße bzw. Zielgrößen. Wichtig ist, alle Größen vor und während des Versuches protokollarisch zu erfassen. Das erspart später in der Versuchsauswertung Unklarheiten und Versuchswiederholungen. Da jede Wirkung eine oder mehrere Ursachen haben kann, ist es möglich, im Nachhinein andere Größen zum Beispiel als „konstant“ definierte Größen in die Berechnung (Korrelation, Regression) einzubeziehen. Unter Umständen können auch Störgrößen quantifiziert in die Berechnung einbezogen werden. Die Betrachtung des experimentellen Systems als „black box“ sichert in jedem Fall eine konkrete Fragestellung für den Versuch. Auch die Erkenntnis, dass eine „Einflussgröße“ keinen Einfluss auf eine bestimmte Zielgröße hat, ist wertvoll.

Festlegung des Ziels der Versuche; Hypothesenbildung zur Ursache-Wirkung-Beziehung

Ziel der Versuche, der Variation der Einflussgrößen auf die Zielgröße(n) ist die Bestimmung des funktionellen Einflusses, also bei Betrachtung einer Anzahl von Einflussgrößen x_i ihre Wirkung auf die Zielgröße y. Das ist die Hypothese, die experimentell geprüft wird. Als Bestätigung der Hypothese wird die funktionelle Abhängigkeit erhalten

$$y = f(x_i) \quad \text{bzw. bei mehreren Zielgrößen} \quad y_j = f(x_i)\,.$$

Dabei ist der Einfluss der Größen x_i auf mehrere Zielgrößen im Allgemeinen qualitativ und quantitativ unterschiedlich (siehe Abschn. 7.1). Wird kein Zusammenhang zwischen den gewählten Größen x_i und y_j experimentell festgestellt, ist die Hypothese falsch. Diese Feststellung ist experimentell begründet; eine verbesserte Hypothese kann abgeleitet werden.

Festlegung der Einflussgrößen/Variable, der Zielgrößen und der konstant zu haltenden Größen

Aus der Hypothesenbildung folgt die Festlegung der Einflussgrößen, die Definition des Versuchsraumes und die aus der Versuchsplanung abgeleiteten Einstellwerte. Zu beachten ist, dass die Anzahl der Einflussgrößen x_i im Allgemeinen nicht für alle Zielgrößen y_j gleich ist.

Auswahl und Aufstellen des Versuchsplanes

Es ist zu klären und festzulegen, welche Abhängigkeit zwischen Einflussgrößen und Zielgröße(n) vorliegt bzw. angenommen werden soll. Also liegen lineare oder nichtlineare Zusammenhänge vor. Über größere Versuchsbereiche sind viele Abhängigkeiten in Naturwissenschaft und Technik nichtlinear. Werden jedoch kleinere Versuchsbereiche davon betrachtet, können sie oft in Näherung als lineare Abhängigkeiten beschrieben werden. Beispielsweise sind Abkühlungsprozesse nichtlinear, sie erfolgen nach einer e-Funktion. Aber nach längerer Abkühlzeit können die Temperaturänderungen in kleinen Abschnitten linear betrachtet werden. Im Versuchsplan ist zu berücksichtigen, welcher Grad an Nichtlinearität angenommen wird. Es ist durchaus möglich, einen höheren Grad der Nichtlinearität vorzugeben und dann nach der Berechnung des Zusammenhanges festzustellen, dass ein niedrigerer Grad vorliegt.

Des Weiteren ist der Umfang der Versuchswiederholungen pro Messpunkt festzulegen. Schließlich ist die Reihenfolge der Abfolge der Versuchspunkte zu bestimmen. Um Gradienten im Versuchsplan zu vermeiden, wird üblicherweise die Reihenfolge der Messungen durch Zufallszuteilung (Zufallszahlen) vorgenommen. Dadurch wird aber die Wirkung des Gradienten, die Streuung im Zusammenhang zwischen Ursache und Wirkung erhöht. Alternativ ist der Gradient zu erfassen und als weitere Einflussgröße zu behandeln; zum Beispiel Erfassung der Umgebungstemperatur bei umfangreichen Messreihen (Problem Sommer-, Wintertemperatur), oder auch Messung der jeweiligen aktuellen Raumfeuchtigkeit – Problem hohe Feuchtigkeit nach Regengüssen.

Tritt eine Störgröße/Einflussgröße bei bestimmten Werten auf, so können die Versuche bei diesen jeweils konstanten Werten in Form von Blöcken zusammengeführt werden. Zwischen den Blöcken ist dann die Wirkung der Einflussgröße/Störgröße sichtbar.

Durchführen der Versuche/Experimente

Versuche sind immer unter Vorgabe der konkreten Bedingungen am Versuchspunkt korrekt durchzuführen. Zeitdruck kann zum Beispiel eine Fehlerquelle sein. Ergebnisse aus unsolide durchgeführten Versuchen können nicht korrigiert werden; solche Versuche müssen mit dem entsprechenden Zeitaufwand wiederholt werden.

Versuchsergebnisse auswerten und Interpretieren der Ergebnisse

Die Auswertung der Versuchsergebnisse erfolgt mit statistischen Methoden. Dazu gehören zum Beispiel die Mittelwertbildung am Versuchspunkt, die Berechnung von Streuungsmaßen und die Behandlung von Ausreißern. Des Weiteren gehören dazu Betrachtungen zur Korrelation und schließlich die Berechnung von Zusammenhängen zwischen Einflussgrößen und Zielgröße(n).

Im Allgemeinen wird bei unbekannter funktioneller Abhängigkeit mit linearer Regressionsfunktion begonnen, die im Weiteren ausgebaut wird als Funktion höherer Ordnung, auch unter Berücksichtigung von Wechselwirkung zwischen den Einflussgrößen. Zu beachten ist, dass die Regressionsfunktion nur darstellt, was versuchstechnisch ermittelt wurde – Informationen der Versuchspunkte.

Sind zum Beispiel die Versuchspunkte im Versuchsraum weit entfernt, werden lokale Extrema (Maxima, Minima) zwischen den Versuchspunkten nicht erfasst und können damit auch nicht mathematisch beschrieben werden. Auch ist verständlich, dass eine Regressionsfunktion nicht genauer ist als die Werte aus denen sie berechnet wurde. Deshalb ist eine saubere, korrekte Versuchsdurchführung für die Auswertung unverzichtbar.

Die Regressionsfunktion kann nur beschreiben, was versuchstechnisch erfasst wurde. Daraus folgt, dass die Aussage einer Regressionsfunktion umso besser ist, je umfangreicher das Versuchsmaterial ist und die signifikanten (wesentlichen) Einflussgrößen vollständig erfasst wurden. Die Regressionsfunktion als Polynom hat empirischen Charakter. Alternativ ist bei bekannter funktioneller Abhängigkeit der Zielgröße von der Einflussgröße diese Funktion bei der Regression anzuwenden. Die Interpretation von Zusammenhängen durch Polynome zwischen der Zielgröße und Größen, die mit den Einflussgrößen verknüpft sind, wie beispielsweise strukturellen Werkstoffgrößen, hat mit großer Vorsicht zu erfolgen. Es ist zu bedenken, dass viele Funktionen, zum Beispiel die e-Funktion oder der natürliche Logarithmus durch Polynome beschrieben werden können.

Eine Regressionsfunktion gilt nur für den untersuchten Bereich (Versuchsbereich). Extrapolation, also Berechnungen mit der Regressionsfunktion außerhalb des Versuchsbereiches sind im Allgemeinen mit einem hohen Risiko verbunden. Insbesondere bei bekannten oder berechneten nichtlinearen Beziehungen zwischen Ursache(n) und Wirkung ist eine Extrapolation über den Versuchsbereich hinaus problematisch. Im Versuchsbereich wird die vorgegebene Funktion so an die Messpunkte angepasst (curve fitting), dass die Summe der Abweichungsquadrate ein Minimum wird (C. F. Gauß, Abschn. 7.2). Das bedeutet, dass außerhalb des Versuchsbereiches insbesondere bei nichtlinearen Beziehungen große Abweichungen zwischen berechneten und tatsächlichen Werten auftreten können.

1.2 Versuchspläne

Die konventionellen Methoden der Durchführung von Versuchen sind:

- Zufalls-Experiment, das heißt zufällige Variation der Einflussgrößen x_i und Messung der Zielgröße y; viele Versuche sind erforderlich,
- Gitterlinien-Experiment; dabei werden die Einflussgrößen x_i in einem Netzgitter variiert. Um gute Ergebnisse zu erhalten, ist ein feines Gitter, sind also viele Versuche erforderlich,
- ein Faktoren-Experiment; es wird jeweils nur eine Einflussgröße x_i verändert, die anderen Einflussgrößen bleiben konstant; damit ist Wechselwirkung der Einflussgrößen nicht bestimmbar. Der Versuchsaufwand ist hoch.

Konventionelle Methoden der Versuchsplanung haben also einen hohen Aufwand, dies sowohl bei der Versuchsdurchführung als auch bei der Versuchsauswertung. In der Praxis ist die Fragestellung im Versuch oft eingeschränkt, d. h. es besteht die Aufgabe, den Aufwand zu reduzieren. Erreicht wird dies durch statistische Versuchspläne. Der Aufwand von der Versuchsplanung über die Versuchsdurchführung bis zur Versuchsauswertung ist dabei deutlich geringer. Zu beachten ist, dass der Versuchsplan so aufgebaut/ausgewählt wird, dass die Fragestellung auch tatsächlich beantwortet werden kann.

Bei umfangreichen Versuchen ist zur Ausschaltung von Gradienten (Änderung der Versuchsbedingungen zum Beispiel über die Zeit) eine Zufallszuteilung der Versuche vorzunehmen. Können die Versuchsbedingungen in einem Parameter nicht konstant gehalten werden, beispielsweise bei Chargenänderung, so ist Blockbildung anzuwenden. Dabei werden dann bei gleicher Charge die anderen Einflüsse berechnet.

Versuchspläne haben gegenüber der Variation jeweils einer Einflussgröße x_i auf die Zielgröße y die folgenden Vorteile:

- deutlich geringerer Aufwand durch Verringerung der Versuchsanzahl,
- planmäßige Verteilung der Versuchspunkte und damit keine Defizite in der Erfassung (strukturierte Betrachtungsweise),
- Variation der Einflussgrößen an den Versuchspunkten gleichzeitig und damit Bestimmung der Wechselwirkung der Einflussgrößen möglich,
- je mehr Einflussgrößen vorliegen, umso effektiver (weniger Aufwand) sind statistische Versuchspläne.

Die Versuchspläne können in den meisten Fällen unkonventionell in einer Richtung oder in mehrere Richtungen (Parametern) erweitert werden; beispielsweise um einen maximalen Wert am Rand des bisherigen Versuchsbereiches weiter zu verfolgen. Dazu ist erforderlich, die erweiterten Parameter im linearen Fall in zwei Stufen und im nichtlinearen Fall mindestens in drei Stufen zu variieren.

Tab. 1.1 Versuchsplan mit zwei Faktoren

Versuchsnummer	Stufenkombination	
	A	B
1	−	−
2	+	−
3	−	+
4	+	+

1.2.1 Vollständige faktorielle Versuchspläne

Vollständige faktorielle Versuchspläne sind Pläne, bei denen die Einflussfaktoren in ihren Stufen vollständig kombiniert werden, sie werden gleichzeitig variiert. Im einfachsten Fall von zwei Einflussgrößen (Faktoren) A und B, die in zwei Stufen (plus und minus) variiert werden, ergibt sich der Plan in Tab. 1.1. In diesem Fall ergeben sich insgesamt vier Versuche, die als die Ecken eines Quadrates visualisiert werden können, siehe Abb. 1.2.

Hat der Versuchsplan drei Einflussgrößen (Faktoren) A, B, C, so ergibt sich die folgende Tab. 1.2. Die Stufenkombinationen ergeben die Ecken eines Würfels.

Allgemein haben vollfaktorielle Versuchspläne in zwei Stufen und k Einflussgrößen folgende Versuchsanzahl

$$\text{Anzahl der Versuche} = \text{Stufen}^{\text{Einflussgrößen}}$$

$$z = 2^k ,$$

zum Beispiel $k = 4$: $z = 16$ Versuche oder $k = 6$: $z = 64$ Versuche.

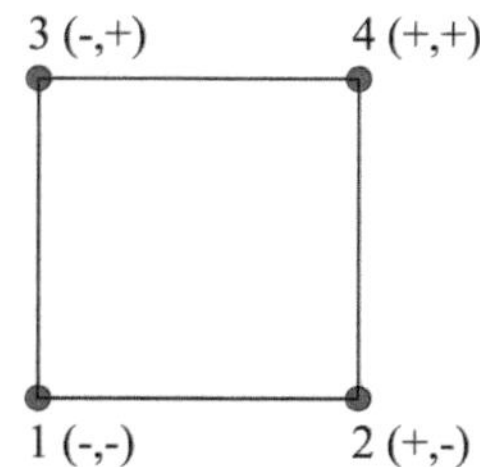

Abb. 1.2 Faktorieller Versuchsplan mit vier Versuchen

Tab. 1.2 Faktorieller Versuchsplan mit drei Faktoren

Versuchsnummer	Stufenkombination		
	A	B	C
1	−	−	−
2	+	−	−
3	−	+	−
4	+	+	−
5	−	−	+
6	+	−	+
7	−	+	+
8	+	+	+

Mit den vollfaktoriellen Versuchsplänen in zwei Stufen sind die Hauptwirkungen der Einflussfaktoren und die Wechselwirkungen der Faktoren berechenbar. Die Abhängigkeiten sind linear, da nur in 2 Stufen variiert wird.

Allgemein heißt dies bei zwei Einflussgrößen:

$$y = a_o + \underbrace{a_1x_1 + a_2x_2}_{\text{lineare Hauptwirkung}} + \underbrace{a_{12}x_1x_2}_{\text{Wechselwirkung}} + s_R$$

und bei drei Einflussgrößen:

$$\begin{aligned} y = {} & a_o + a_1x_1 + a_2x_2 + a_3x_3 + a_{12}x_1x_2 + a_{13}x_1x_3 + a_{23}x_2x_3 \\ & + a_{123}x_1x_2x_3 + s_R \end{aligned}$$

Bei der Berechnung entsteht jeweils ein Term, der den Einflussgrößen nicht zugeordnet werden kann. Es ist die Reststreuung s_R.

Bei den vollfaktoriellen Versuchsplänen lassen sich alle Wirkungen der Parameter, also Haupt- und Wechselwirkungen zwischen den Parametern (zwei oder mehr Parameter miteinander) unabhängig voneinander berechnen. Es entsteht keinerlei „Vermengung" der Parameter. Die Wirkungen der Parameter sind eindeutig zuzuordnen.

Die Versuchsergebnisse ergeben ein Gleichungssystem der Art:

$$\begin{aligned} y_1 &= a_{11}x_1 + a_{12}x_2 + \ldots + a_{1n}x_n \\ y_2 &= a_{21}x_1 + a_{22}x_2 + \ldots + a_{2n}x_n \\ &\vdots \\ y_m &= a_{m1}x_1 + a_{m2}x_2 + \ldots + a_{mn}x_n \end{aligned}$$

Das Gleichungssystem ist lösbar für n Unbekannte bei m linear unabhängigen Gleichungen mit $n \leq m$.

Ist $m > n$ entsteht eine Überbestimmtheit. Daraus kann eine Information über die Versuchsstreuung bestimmt werden. Da keine Lösungsmatrix existiert mit der alle Gleichungen erfüllt werden, wird unter Anwendung der Gauß'schen Normalgleichungen die Lösung bestimmt, bei der die Abweichungsquadrate ein Minimum sind. Auch kann die Überbestimmtheit durch weitere Einflussparameter verringert oder eliminiert werden.

Allgemeine Lösungsverfahren für das Gleichungssystem sind der Gauß'sche Algorithmus und das Austauschverfahren; sie sind in der Statistik-Software realisiert.

Der lineare Ansatz, der in einem vollständig faktoriellen Versuchsplan steht, kann in einfacher Weise durch Versuche am Zentralpunkt überprüft werden (siehe Abschn. 1.2.4).

Der vollständige faktorielle Versuchsplan mit den drei Faktoren A, B, C besteht aus $2^3 = 8$ Faktorenstufenkombinationen. Berechnet werden aus diesen Faktorenstufenkombinationen die Hauptwirkungen der Faktoren A, B und C, deren 2-fach Wechselwirkung, also AB, AC und BC, sowie die 3-fach Wechselwirkung ABC. Siehe dazu Tab. 1.3.

Tab. 1.3 Faktorieller Versuchsplan mit Blockbildung

Versuchs-Nr.	A	Faktoren B	C	ABC	
1	–	–	–	1 (–)	Block 1
4	+	+	–	1 (–)	
6	+	–	+	1 (–)	
7	–	+	+	1 (–)	
2	+	–	–	2 (+)	Block 2
3	–	+	–	2 (+)	
5	–	–	+	2 (+)	
8	+	+	+	2 (+)	

Entfällt die dreifach Wechselwirkung, zum Beispiel weil aus den allgemeinen Kenntnissen diese Wechselwirkung nicht auftreten kann, so entsteht ein fraktioneller faktorieller Versuchsplan. Wird die 3-fach Wechselwirkung als Blockfaktor verwendet (siehe Abschn. 1.1.2), so entsteht der in Tab. 1.3 abgebildete Plan (Block 1 mit ABC ist „–", Block 2 mit ABC „+").

1.2.2 Lateinische Quadrate

Lateinische Quadrate als Versuchspläne erlauben die Überprüfung der Hauptwirkungen von drei Faktoren (Einflussgrößen) bei gleicher Anzahl der Stufen. Gegenüber einem vollständigen faktoriellen Versuchsplan sind Lateinische Quadrate erheblich wirtschaftlicher, da sie weniger Versuchspunkte aufweisen. Die Abhängigkeit der Einflussgrößen auf die Zielgröße ist je nach Anzahl der Stufen linear als auch nichtlinear zu beschreiben. Allerdings ist es nicht möglich, eine Wechselwirkung zwischen den Faktoren zu bestimmen, da der Wert des Faktors in jeder Stufe nur einmal auftritt. Deshalb ist u. U. auch die Hauptwirkung nicht eindeutig interpretierbar; wenn eine Wechselwirkung auftritt, wird sie den Hauptwirkungen zugeordnet. Die Anwendung von Lateinischen Quadraten ist also nur dann sinnvoll, wenn gesichert ist, dass Wechselwirkung zwischen den Einflussgrößen keine Rolle spielt oder vernachlässigt werden kann. Ein Beispiel für ein Lateinisches Quadrat mit 3 Stufen ($p = 3$) zeigt Tab. 1.4.

Die Stufenkombinationen der Einflussgrößen (Faktoren) sind:

a_1b_1 wird mit c_1 kombiniert,
a_2b_1 wird mit c_2 kombiniert,
...

und

a_3b_3 wird mit c_2 kombiniert.

In jeder Zeile und jeder Spalte wird also jede c-Stufe einmal variiert, siehe dazu Tab. 1.5.

Tab. 1.4 Lateinisches Quadrat mit drei Stufen

	a_1	a_2	a_3
b_1	c_1	c_2	c_3
b_2	c_2	c_3	c_1
b_3	c_3	c_1	c_2

Tab. 1.5 Permutationen im Lateinischen Quadrat

	a_1	a_2	a_3
b_1	c_3	c_2	c_1
b_2	c_1	c_3	c_2
b_3	c_2	c_1	c_3

Da nicht nur die Abfolge der Stufen c_1, c_2, c_3 möglich ist, sondern auch Permutationen, also wie in Tab. 1.5 gezeigt, ergeben sich insgesamt 12 verschiedene Anordnungen; sie erfüllen die gleichen Bedingungen.

Für ein Lateinisches Quadrat mit $p = 2$, also zwei Stufen der Einflussgrößen, entstehen die in Tab. 1.6 gezeigten Versuchspläne.

Bei zwei Stufen der Einflussgrößen ist ein linearer Zusammenhang der Form

$$y = \alpha_0 + \alpha_1 a + \alpha_2 b + \alpha_3 c \quad \text{oder allgemein} \quad y = a_0 + a_1 x_1 + a_2 x_2 + a_3 x_3$$

berechenbar. Im Fall von 3 und mehr Stufen können auch Nichtlinearitäten bestimmt werden, d. h.

$$y = \alpha_o + \alpha_1 a + \alpha_{11} a^2 + \alpha_2 b + \alpha_{22} b^2 + \alpha_3 c + \alpha_{33} c^2$$

Die Berechnung von Wechselwirkung schließt sich aus bekannten Gründen aus.

Bei dem vorgenannten Lateinischen Quadrat mit drei Stufen ($p = 3$) ergeben sich neun Versuche. Gegenüber einem vollständigen Versuchsplan mit den vollständigen Kombinationen der Stufen der Einflussfaktoren (siehe Abschn. 1.2.1) mit 27 Versuchen benötigt das Lateinische Quadrat also nur einen Aufwand von $1/p$. Da die Stufen der Einflussgrößen nicht vollständig permutiert werden, fehlt bei der Auswertung die Wechselwirkung der Einflussgrößen. Auftretende Wechselwirkung wird deshalb den Hauptwirkungen der Einflussfaktoren zugerechnet.

Ein Lateinisches Quadrat mit vier Stufen schreibt sich beispielsweise so, wie in Tab. 1.7 gezeigt.

Beispiel

Untersucht werden soll die Wirkung von drei Einstellgrößen einer Anlage auf die Zielgröße in drei Stufen, siehe Tab. 1.8.

Tab. 1.6 Lateinisches Quadrat mit zwei Stufen

	a_1	a_2
b_1	c_1	c_2
b_2	c_2	c_1

oder

	a_1	a_2
b_1	c_2	c_1
b_2	c_1	c_2

Tab. 1.7 Lateinisches Quadrat mit vier Stufen

	a_1	a_2	a_3	a_4
b_1	c_1	c_2	c_3	c_4
b_2	c_2	c_3	c_4	c_1
b_3	c_3	c_4	c_1	c_2
b_4	c_4	c_1	c_2	c_3

Tab. 1.8 Beispiel Lateinisches Quadrat-Einstellwerte

	Einstellwerte (Stufen)		
Einstellgröße a	a_1	a_2	a_3
Einstellgröße b	b_1	b_2	b_3
Einstellgröße c	c_1	c_2	c_3

Zum Beispiel werden an einer Drehmaschine die Einstellwerte: Drehzahl, Vorschub und Spantiefe in jeweils 3 Stufen variiert. Damit ergeben sich folgende Kombinationen der Einstellwerte (die Größen a_i, b_i, c_i entsprechen den Einstellwerten):

$$\begin{array}{lll} a_1b_1c_1, & a_2b_1c_2, & a_3b_1c_3 \\ a_1b_2c_2, & a_2b_2c_3, & a_3b_2c_1 \\ a_1b_3c_3, & a_2b_3c_1, & a_3b_3c_2 \end{array}$$

Mit diesen 9 Versuchen kann die Hauptwirkung der 3 Einstellgrößen a, b, c berechnet werden.

1.2.3 Teilfaktorielle Versuchspläne

Ist bei der Aufgabenstellung im technischen Bereich nicht die vollständige Wirkung und Wechselwirkung der Parameter/Einflussgrößen auf die Zielgröße von Interesse, lässt sich der Versuchsplan reduzieren. Damit verbunden ist eine Verringerung des zeitlichen und finanziellen Aufwandes. Solche reduzierten Versuchspläne sind teilfaktorielle Versuchspläne.

Bei drei Einflussgrößen sind beispielsweise in einem vollfaktoriellen Versuchsplan mit zwei Stufen (Einstellungen pro Einflussgröße) acht Versuche erforderlich. Das sind im Beispiel die 8 Ecken des Würfels. Im teilfaktoriellen Versuchsplan reduziert sich die Anzahl der Versuche auf vier.

Zu beachten ist generell bei den teilfaktoriellen Versuchsplänen, dass jeder Parameter auch im Plan variiert (verändert) wird, da sonst seine Wirkung nicht berechnet werden kann. Somit ergeben sich die beiden teilfaktoriellen Pläne. Im Beispiel (Abb. 1.3) die 4 Versuche mit den Nummern 2, 3, 5, 8 (rote Versuchspunkte) oder alternativ der Plan mit den Versuchen 1, 4, 6, 7 (schwarze Versuchspunkte). Der teilfaktorielle Versuchsplan mit drei Einflussgrößen (A, B, C) sieht dann wie in Abb. 1.3 gezeigt aus.

Der teilfaktorielle Versuchsplan hat für drei Faktoren (A, B, C) also nur vier Versuche. Dabei ist es erforderlich, dass jeder Faktor A, B, C sowohl an der einen Versuchsgrenze

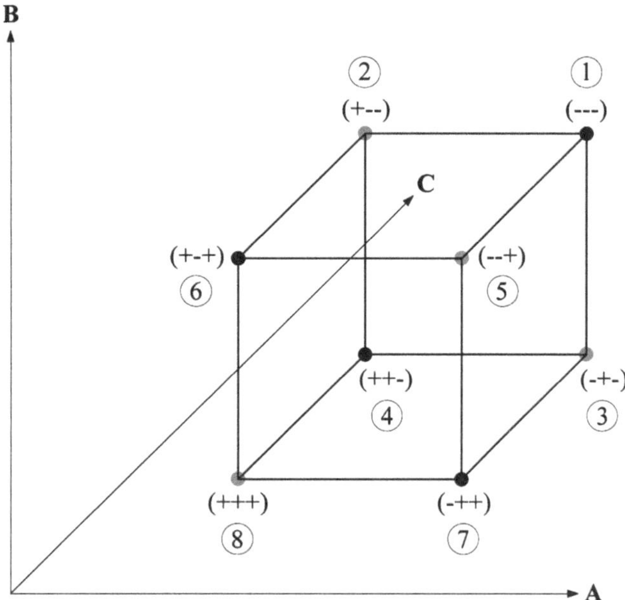

Abb. 1.3 Teilfaktorieller Versuchsplan mit 3 Einflussgrößen im Vergleich mit dem vollfaktoriellen Plan

(plus) als auch an der anderen Versuchsgrenze (minus) Messwerte der Zielfunktion y aufweist. Die berechenbare Funktion der Wirkungen der drei Einflussgrößen ergibt sich dann zu

$$y = a_0 + a_1 A + a_2 B + a_3 C$$

Es kann also keine Wechselwirkung der Einflussgrößen bestimmt werden.

Bei teilfaktoriellen Versuchsplänen können „Vermengungen" auftreten. Da durch fehlende Variation der Parameter keine Wechselwirkung zwischen den Parametern mehr bestimmt werden kann, enthalten die Hauptwirkungen eventuell vorliegende Wechselwirkung, also zum Beispiel der Effekt des Parameters A und die Wechselwirkung von AB summieren sich.

1.2.4 Faktorielle Versuchspläne mit Zentralpunkt

Vollständige faktorielle Versuchspläne und auch die daraus abgeleiteten teilfaktoriellen Versuchspläne gehen davon aus, dass die Ursache-Wirkung-Beziehungen linear sind. In erster Näherung kann dies oft angenommen werden. Auch durch Verringerung des Versuchsbereiches, der Abstände der Versuchspunkte, ist eine lineare Annahme in einem ersten Ansatz durchaus möglich.

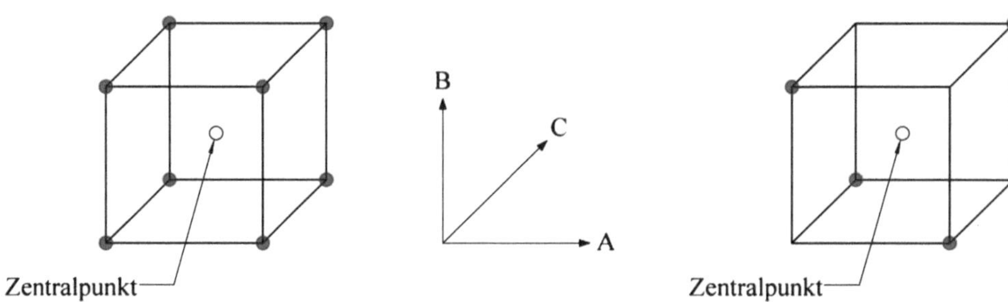

Abb. 1.4 Versuchsplan mit Zentralpunkt

Im technischen Bereich, bei den ingenieurtechnischen Fragestellungen und auch bei natürlichen Vorgängen zwischen Einflussgrößen und Wirkungen dieser Größen liegen aber im Allgemeinen Nichtlinearitäten vor. Beispiele sind instationäre thermische Vorgänge, Relaxation und Retardation.

Tritt eine solche Situation auf, ist festzustellen, ob im betrachteten Fall (ingenieurtechnische Fragestellung, Größe des Versuchsbereiches, Abstand der Versuchspunkte) Nichtlinearität auftritt.

Bei den Versuchsplänen mit dem Ansatz eines linearen Modells (Abschn. 1.2.1; 1.2.3) lässt sich mit wenig Aufwand feststellen, ob Nichtlinearität vorliegt. Dazu wird ein Versuch am Zentralpunkt (center point) durchgeführt, siehe Abb. 1.4. Der Zentralpunkt hat zu den anderen Versuchspunkten den gleichen Abstand.

Wird nun der rechnerische Wert des linearen Modells der Regressionsfunktion am Zentralpunkt mit dem Messwert am Zentralpunkt verglichen, so ist daraus ersichtlich, ob der lineare Ansatz gerechtfertigt ist. Wird der Zentralpunkt mehrfach wiederholt, also gewichtet, werden Streuungsinformationen erhalten. Der Zentralpunkt ist für Wiederholungen ein geeigneter Versuchspunkt.

Um Vertrauensbereiche zu erhalten (siehe Abschn. 2.3.2), wird bei zwei oder drei Einflussgrößen jeweils eine Wiederholung pro Versuchspunkt durchgeführt, bei vier und mehr Parametern wird der Zentralpunkt durch 3 bis 10 Wiederholungen gewichtet.

1.2.5 Zentral zusammengesetzte Versuchspläne

Zentral zusammengesetzte Versuchspläne haben drei Bestandteile, es sind dies:

- faktorieller Kern (siehe Abschn. 2.1): A, B in den Stufen + und −
- Zentralpunkt (siehe Abschn. 1.2.4): A, B in der Stufe „0“
- und Sternpunkte: A, B in den Stufen $+\alpha$ und $-\alpha$

Die Darstellung in Abb. 1.5 soll dies verdeutlichen.

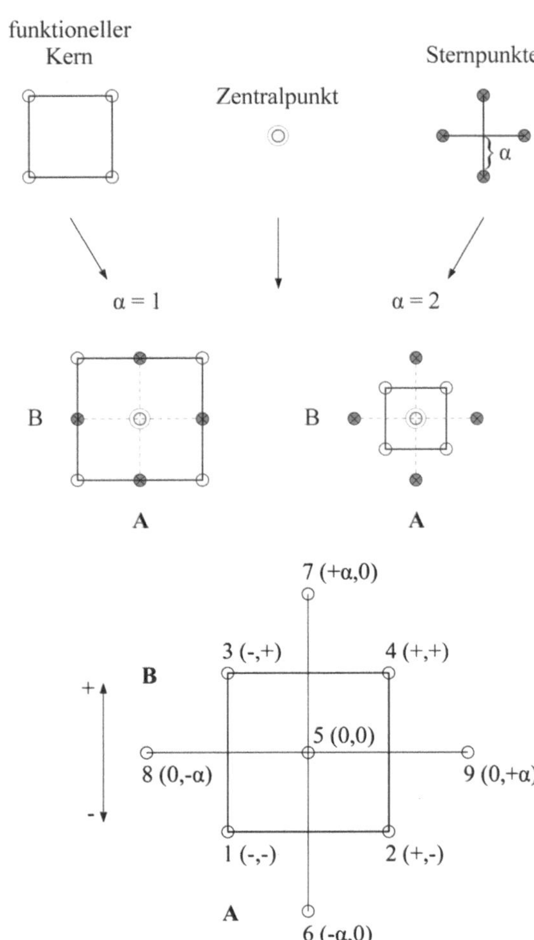

Abb. 1.5 Zentral zusammengesetzter Versuchsplan

Abb. 1.6 Versuchsplan mit zwei Einflussgrößen A und B

Mit α wird der Abstand der Sternpunkte zum Zentralpunkt bezeichnet. Für zwei Einflussgrößen A, B ergibt sich folgender Versuchsplan mit 9 Versuchen, die Darstellung in Abb. 1.5 soll dies verdeutlichen. Siehe dazu auch Abb. 1.6 und Tab. 1.9.

Die Einflussgrößen A, B werden also in fünf Stufen variiert. Es ist damit Nichtlinearität der Einflussgrößen berechenbar. Im oben genannten Beispiel mit den Einflussgrößen A und B also die Regressionsfunktion

$$y = \underbrace{a_o}_{\text{Regressionskonstante}} + \underbrace{a_1A + a_2B}_{\text{lineare Therme}} + \underbrace{a_3\,AB}_{\text{Wechselwirkung}} + \underbrace{a_4\,A^2 + a_5\,B^2}_{\text{nichtlineare Therme}}$$

Tab. 1.9 Versuchspunkte bei zwei Einflussgrößen A und B

Versuchsnummer	Einflussgröße	
	A	B
1	–	–
2	+	–
3	–	+
4	+	+
5	0	0
6	–α	0
7	+α	0
8	0	–α
9	0	+α

Die zentral zusammengesetzten Versuchspläne können wie folgt unterteilt werden:

1. Orthogonaler Plan
   Der α-Wert beträgt bei einem faktoriellen 2^2-Kern $\alpha = 1$, d. h. die Versuchspunkte des Sterns liegen in der Mitte der Verbindungslinien der Versuche des Kerns. Bei einem 2^6-Kern ist dann $\alpha = 1{,}761$; siehe dazu Abb. 1.5. Die Regressionskoeffizienten werden unabhängig voneinander berechnet; es findet keine Vermengung von Wirkungen statt.
2. Drehbarer Plan; Box-Hunter-Plan [1], Abb. 1.7.
   Bei diesem Plan hat bei einem 2^2-Kern α den Wert $\alpha = 1{,}414$ und bei einem 2^6-Kern $\alpha = 2{,}828$ (siehe Tab. 1.10).
   Der Zentralpunkt ist gewichtet. Bei 2 Faktoren werden am Zentralpunkt 5 Versuche durchgeführt, bei 5 Faktoren 10 Versuche.
   Die Versuchspunkte des Kerns und die Sternpunkte haben den gleichen Abstand zum Zentralpunkt; sie liegen auf der gleichen Kugeloberfläche. Bei n Einflussgrößen befinden sich die Versuchspunkte (Messpunkte) auf der Oberfläche einer n-dimensionalen Kugel und im gewichteten Mittelpunkt der Kugel. Bei 2 Einflussgrößen (Faktoren) liegen die Versuchspunkte auf einem Kreis, um das gewichtete Zentrum. Die Versuchspunkte auf dem Kreis sind 4 Eckpunkte und 4 Achsenwerte, siehe Abb. 1.7. Im 3-dimensionalen Fall (3 Einflussgrößen) liegen die Versuchspunkte auf der Kugeloberfläche, mit einem Achsenabstand $\alpha = 1{,}682$ und im gewichteten Zentrum. Durch die Wichtung des Zentrums wird gewährleistet, dass im gesamten Versuchsraum gleiche statistische Sicherheit vorliegt.
3. Pseudoorthogonaler und drehbarer Plan
   Dieser Plan vereint die Vorteile des orthogonalen und des drehbaren Planes. Vermengungen treten nicht auf, allerdings steigt die Anzahl der Versuchspunkte gegenüber dem drehbaren Plan. Die α-Werte sind wie beim drehbaren Plan, der Zentralpunkt ist höher gewichtet. Zum Beispiel 8 Versuche am Zentralpunkt bei einem 2^2-Kern; 24 Versuche beim 2^6-Kern.

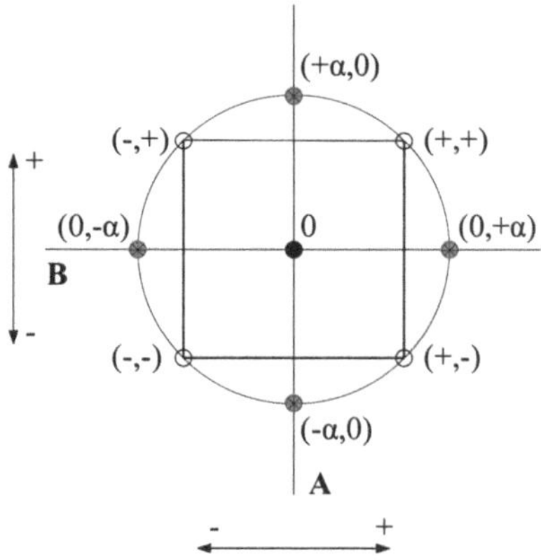

Abb. 1.7 Box-Hunter-Plan für zwei Faktoren ($\alpha = 1{,}414$)

Tab. 1.10 Versuchsplan nach Box-Hunter

Anzahl der unabhängigen Faktoren (Einflussgrößen) n	2	3	4	5	6
Anzahl der Eckpunkte n_c	4	8	16	32	64
Anzahl der Achsenwerte n_α	4	6	8	10	12
Anzahl der Zentrumsversuche n_0	5	6	7	10	15
Gesamtzahl der Versuche N	13	20	31	52	91
Achsenabstand $\alpha = n_c^{1/4}$	1,414	1,682	2,000	2,378	2,828

Beispiel: Keramik-Spritzgießen mit der Gas-Injektions-Technik [2]

An einem Keramik-Spritzgussteil, hergestellt mit der Gas-Injektions-Technik (GIT), wurden die Parameter Einspritzvolumen (A), Verzögerungszeit bei der GIT-Technik (B), Gasdruck (C) und Gasdruckdauer (D) auf folgende abhängige Parameter (Zielgrößen) untersucht: Blasenlänge, Wandstärke, Gewicht und Rissbildung (Risslänge). Dazu wurde der 4-Faktoren-Versuchsplan nach Box-Hunter verwendet. Bei vier unabhängigen Faktoren (Einflussgrößen) ergeben sich insgesamt 31 Versuche (siehe Tab. 1.10).

Die Versuchswerte enthält für diese Bedingungen ($\alpha = 2$) Tab. 1.11. Die einzelnen Werte der Parameter ergeben sich aus dem Versuchsbereich, das heißt aus den jeweiligen minimalen und maximalen Parameterwerten. Diese Grenzen bestimmen sich aus dem Produktvolumen, den maschinentechnischen und technologischen Bedingungen der Spritzgießmaschine.

Tab. 1.11 Versuchswerte bei der GIT-Technik

Parameter	Bezeichnung	−2	−1	0	+1	+2
Einspritzvolumen [ccm]	A	26,3	26,45	26,6	26,75	26,9
Verzögerungszeit [s]	B	0,52	0,89	1,26	1,63	2
Gasdruck [bar]	C	140	165	190	215	240
Gasdruckdauer [s]	D	0,5	0,88	1,25	1,63	2

Im Beispiel für das Einspritzvolumen [ccm] von 26,3 (minimaler Wert) bis 26,9 (maximaler Wert). Diese Werte entsprechen den standardisierten Werten −2 und +2. Die Werte bei −1, 0, +1 ergeben sich aus den Grenzen des Parameterbereichs. Die standardisierten Werte und die Versuchswerte für alle 31 Versuche sind in Tab. 1.12 aufgeführt. Die Versuchsergebnisse wurden statistisch durch Regression ausgewertet; beispielhafte Ergebnisse zu diesen Versuchen sind im Abschn. 7.5 aufgeführt.

Tab. 1.12 Versuchsplan – Versuchswerte und standardisierte Werte

Nr.	Versuchswerte				Standardisierte Werte			
	A	B	C	D	A	B	C	D
1	26,6	1,26	190	1,25	0	0	0	0
2	26,6	1,26	190	1,25	0	0	0	0
3	26,6	1,26	190	1,25	0	0	0	0
4	26,6	1,26	190	1,25	0	0	0	0
5	26,6	1,26	190	1,25	0	0	0	0
6	26,6	1,26	190	1,25	0	0	0	0
7	26,6	1,26	190	1,25	0	0	0	0
8	26,75	1,63	215	1,63	+1	+1	+1	+1
9	26,75	1,63	215	0,88	+1	+1	+1	−1
10	26,75	1,63	165	1,63	+1	+1	−1	+1
11	26,75	1,63	165	0,88	+1	+1	−1	−1
12	26,75	0,89	215	1,63	+1	−1	+1	+1
13	26,75	0,89	215	0,88	+1	−1	+1	−1
14	26,75	0,89	165	1,63	+1	−1	−1	+1
15	26,75	0,89	165	0,88	+1	−1	−1	−1
16	26,45	1,63	215	1,63	−1	+1	+1	+1
17	26,45	1,63	215	0,88	−1	+1	+1	−1
18	26,45	1,63	165	1,63	−1	+1	−1	+1
19	26,45	1,63	165	0,88	−1	+1	−1	−1
20	26,45	0,89	215	1,63	−1	−1	+1	+1
21	26,45	0,89	215	0,88	−1	−1	+1	−1
22	26,45	0,89	165	1,63	−1	−1	−1	+1
23	26,45	0,89	165	0,88	−1	−1	−1	−1
24	26,9	1,26	190	1,25	+2	0	0	0
25	26,3	1,26	190	1,25	−2	0	0	0
26	26,6	2,00	190	1,25	0	+2	0	0
27	26,6	0,52	190	1,25	0	−2	0	0
28	26,6	1,26	240	1,25	0	0	+2	0
29	26,6	1,26	140	1,25	0	0	−2	0
30	26,6	1,26	190	2,00	0	0	0	+2
31	26,6	1,26	190	0,50	0	0	0	−2

Neben der Produktoptimierung bezüglich vorgegebener Qualitätskriterien können auch fertigungstechnische Entscheidungen begründet werden. Aus der Kenntnis der wesentlichen (signifikanten) Einflussgrößen bei der Fertigung, lässt sich die optimale Spritzgießmaschine (Qualität, Kosten) ermitteln.

Beispiel: Untersuchung eines Herzunterstützungssystems [3]
Ein Herzunterstützungssystem, basierend auf dem Zwei-Kammer-System des Herzens, wurde in seinen Leistungsparametern untersucht. Das System wird durch einen elektrohydraulischen Energiewandler angetrieben. Die Entlastung des Herzens wird durch eine Intraortale Ballonpumpe erzielt. Dazu wird ein Ballonkatheter in die Aorta eingeführt. Durch Füllen und Leeren des speziell ausgebildeten Ballons entsteht die Unterstützungsfunktion für das Herz.

Folgende vier Faktoren (Eingangsparameter) wurden untersucht:

- Frequenz,
- Verhältnis Systole/Diastole,
- Drehzahl der Pumpe,
- Windkesseldruck.

Zielgröße ist der Volumenstrom im Herzunterstützungssystem. Um Zeit und Kosten zu sparen, die Aufgabe in einer vorgegebenen Zeit zu bearbeiten, wurde ein Versuchsplan nach Box-Hunter verwendet.

In diesen Plan wurden die Faktoren in fünf Stufen variiert. Somit können auch Nichtlinearitäten berechnet werden (Stufenanzahl größer 2). Insgesamt ergeben sich in diesem Plan 31 Versuche. Bei klassischer Versuchsdurchführung und Variation in fünf Stufen sind $5^4 = 625$ Versuche erforderlich. Die Einsparung an Versuchen ist also erheblich. Die Tab. 1.13 gibt die Standardwerte und die Versuchswerte im Box-Hunter-Plan wieder.

Tab. 1.13 Standardwerte und Versuchswerte des Box-Hunter-Planes

Windkesseldruck [mmHg]		Drehzahl [1/min]		Triggerfrequenz [Hz]		Symmetrie Diastole/ Systole	
Versuchswert	Standard	Versuchswert	Standard	Versuchswert	Standard	Versuchswert	Standard
60	+2	10.000	+2	2	+2	65/35	+2
70	+1	9000	+1	1,75	+1	60/40	+1
80	0	8000	0	1,5	0	55/45	0
90	−1	7000	−1	1,25	−1	50/50	−1
100	−2	6000	−2	1	−2	45/55	−2

Literatur

1. Box, G. E., Hunter, J. S.: Ann. Math. Stat. **28**(3), 195–241 (1957)
2. Schiefer, H.: Spritzgießen von keramischen Massen mit der Gas-Innendruck-Technik. Vortrag, IHK Pforzheim, 24.11.1998
3. Noack, C.: Leistungsmessungen eines elektrohydraulischen Antriebes in zwei Anwendungsfällen. Diplomarbeit, FH Furtwangen (22. Juni 2004)

2 Charakterisierung von Stichprobe und Grundgesamtheit

► Messwerte oder Beobachtungswerte sind erst vollständig charakterisiert durch Mittelwert und Streuungsmaß bzw. Angabe des Fehlers.

Versuche oder Beobachtungen ergeben zunächst Einzelwerte; bei Wiederholungen unter gleichen Bedingungen Gesamtheiten von Einzelwerten. Bei unendlichen Wiederholungen ($n \to \infty$) entstehen unendliche Gesamtheiten, die als Grundgesamtheit bezeichnet werden. Sind die Einzelwerte x_i endlich, so ist die Grundgesamtheit N. In der Praxis sind die Wiederholungen endlich, es liegt eine Stichprobe aus der Grundgesamtheit N vor. Der Stichprobenumfang n ist die Anzahl der Wiederholungen. Als Freiheitsgrad f wird die Anzahl der überzähligen Messungen/Beobachtungen bezeichnet, die zu ihrer Charakterisierung erforderlich sind, d. h. $f = n - 1$. Siehe hierzu auch DIN ISO 3534-1 [1] und DIN ISO 3534-2 [2].

Die Stichprobe wird charakterisiert durch die relative Häufigkeitsverteilung der Merkmale. Mit zunehmendem Stichprobenumfang nähert sich die Verteilung der Merkmale der Wahrscheinlichkeitsverteilung der Grundgesamtheit an. Unter der Voraussetzung, dass die Stichprobe zufällig entnommen wird, kann von den Parametern der Stichprobe (z. B. Mittelwert, Streuung) auf die zugehörige Grundgesamtheit geschlossen werden. Die Zufälligkeit der Stichprobe erfordert bei der Entnahme gleiche Bedingungen und Unabhängigkeit voneinander.

Parameter mit stetiger Wahrscheinlichkeitsverteilung werden beschrieben durch die relative Häufigkeit; bei diskreten Merkmalen durch die entsprechende Wahrscheinlichkeit. In der Naturwissenschaft und Technik haben die Messgrößen (kontinuierliche Zufallsvariable) meist eine Grundgesamtheit, die durch die Normalverteilung beschrieben wird – siehe dazu auch Abb. 2.1.

Während die Größen der Grundgesamtheit wie Mittelwert μ und Varianz σ^2 unbekannte Parameter darstellen, sind die Werte einer konkreten Stichprobe (Zufallsstichprobe) wie dazu der Mittelwert $\overline{x}$ und die Varianz s^2 von Stichprobe zu Stichprobe jeweils Realisationen einer Zufallsvariablen.

H. Schiefer, F. Schiefer, *Statistik für Ingenieure*, https://doi.org/10.1007/978-3-658-20640-6_2

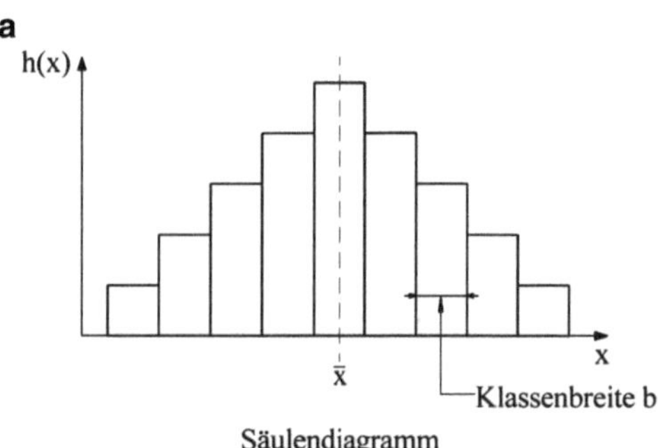

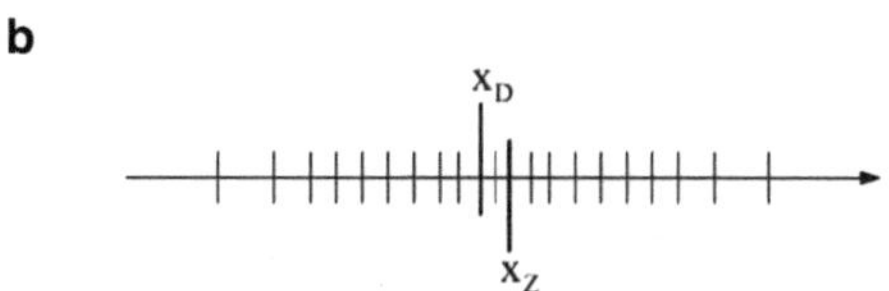

Abb. 2.1 Darstellung von Verteilungen. **a** Säulendiagramm bei symmetrischer Verteilung. **b** häufigster Wert x_D und Zentralwert x_Z auf dem Zahlenstrahl

Neben dem Mittelwert μ bzw. $\overline{x}$ und der Varianz σ^2 bzw. s^2 werden noch andere Maßzahlen für mittlere Werte (Mittelwerte) und Streuungsmaße gebildet. Sowohl die unterschiedlichen Mittelwerte als auch die Streuungsmaße haben unterschiedliche Eigenschaften.

Bei den Streuungsmaßen hat die Varianz/Streuung die kleinste Abweichung und ist deshalb bevorzugt zu verwenden. Liegt eine nicht symmetrische Verteilung (nicht-Gauß'sche Verteilung) vor, so wird die Unsymmetrie durch die Schiefe beschrieben.

Die Abweichung einer symmetrischen Verteilung von der Normalverteilung als flachere oder spitzere Verteilung wird durch den Exzess erfasst.

Mit einer vorgegebenen statistischen Sicherheit wird zur Charakterisierung der Streuung einer Stichprobe der Streubereich angegeben. Der Bereich des durch eine Stichprobe zu schätzenden Mittelwertes der Grundgesamtheit ist der Vertrauensbereich.

2.1 Mittelwerte

Aus einer diskreten Anzahl von Mess- oder Beobachtungswerten lassen sich unterschiedliche charakterisierende Werte, unterschiedliche Mittelwerte berechnen. Wichtigster Mittelwert ist das arithmetische Mittel. Allerdings sind unter bestimmten Bedingungen auch andere Mittelwerte leistungsfähig, beispielsweise bei starker Streuung der Werte.

2.1.1 Arithmetisches Mittel (Durchschnitt) $\overline{x}$

Das arithmetische Mittel einer Stichprobe $\overline{x}$ ist die mittlere Größe der Messwerte x_i. Von der Grundgesamtheit ist das arithmetische Mittel μ.

$$\overline{x} = \frac{1}{n}(x_1 + x_2 + \ldots + x_n) = \frac{1}{n}\sum_{i=1}^{n} x_i$$

n Anzahl der Werte der Stichprobe.

Bei gehäuften Werten (gewogener Durchschnitt) wird

$$\overline{x} = \frac{1}{n}\sum_{j=1}^{n} x_j h_j \quad \text{mit} \quad h_j = \frac{n_j}{n}$$

h_j relative Häufigkeit der j-ten Klasse mit der Klassenbreite b, siehe Abb. 2.1
n_j Anzahl der Werte (Besetzungszahl) in der j-ten Klasse

$$\sum_{j=1}^{k} n_j = n$$

Bei klassierten Werten wird die Häufigkeit einer Klasse mit dem Mittelwert dieser Klasse zum arithmetischen Mittel berechnet.

Für die Klassierung gilt

$$\text{Anzahl der Klassen } k = \frac{\text{Spannweite der Werte}}{\Delta x} = \frac{x_{\max} - x_{\min}}{\Delta x}$$

mit Δx-Klassenbreite.

Richtwerte für die Klassenanzahl

$$k = \sqrt{n} \quad \text{bzw.} \quad k \geq 10 \quad \text{für} \quad n \leq 100$$
$$k \geq 20 \quad \text{für} \quad n \leq 10^5$$

Eigenschaften von $\overline{x}$:

$$\sum(\overline{x} - x_i) = 0$$
$$\sum(\overline{x} - x_i)^2 = \text{Min} \qquad \overline{x} \to \mu \quad \text{mit} \quad n \to N \quad \text{bzw.} \quad \infty$$

N Anzahl der Werte der Grundgesamtheit.

Das arithmetische Mittel der Stichprobe $\overline{x}$ ist ein erwartungstreuer Schätzwert für den Mittelwert der Grundgesamtheit.

Bei Zählwerten entspricht

$\overline{x} \mathrel{\hat{=}}$ mittlere Wahrscheinlichkeit p

$$p = \frac{n_x}{n} = \frac{\text{Anzahl bestimmter Ereignisse}}{\text{Gesamtzahl der Ereignisse}}$$

Grundgesamtheit bei Zählwerten

$\mu \mathrel{\hat{=}} P$ (Grundwahrscheinlichkeit)
$Q = 1 - P$ (Grundgegenwahrscheinlichkeit)

Das arithmetische Mittel ist das Stichprobenmoment 1. Ordnung.

Beispiel für den arithmetischen Mittelwert
An Prüfblechen aus Stahl wurden folgende Einzelwerte der Dicke in mm gemessen: 0,54; 0,49; 0,47; 0,50; 0,50

$$\overline{x} = \frac{1}{n} \sum x_i = \frac{2{,}50\,\text{mm}}{5} = 0{,}50\,\text{mm}$$

Beispiel für die Besetzungszahl
Die Häufigkeit der Klasse ist die Anzahl der Messwerte bezogen auf die Gesamtzahl der Messwerte der Stichprobe. Mit $n_7 = 17$ Werte in der Klassenbreite der 7. Klasse und der Gesamtzahl der Werte der Stichprobe $n = 112$ wird erhalten

$$h_7 = 17/112 = 0{,}15$$

2.1.2 Geometrisches Mittel $\overline{x}_G$

Das geometrische Mittel $\overline{x}_G$ einer Stichprobe mit der Messwertanzahl n ist die n-te Wurzel aus dem Produkt ihrer Messwerte. Ist mindestens ein Messwert gleich Null oder negativ, ist die Berechnung des geometrischen Mittels nicht möglich.

$$\overline{x}_G = \sqrt[n]{x_1 \cdot x_2 \cdot \ldots \cdot x_n} = \sqrt[n]{\Pi x_i} \quad \text{mit} \quad x_i > 0$$

Beispiel für das geometrische Mittel
Die Produktivität einer Fertigungsanlage hat sich in den letzten vier Jahren wie folgt entwickelt: 104,3 %; 107,1 %; 98,7 %; 103,3 %

Das geometrische Mittel berechnet sich zu

$$\overline{x}_G = \sqrt[4]{104{,}3 \cdot 107{,}1 \cdot 98{,}7 \cdot 103{,}3} = 103{,}3\,\%$$

Der mittlere Produktivitätszuwachs beträgt somit 3,3 %.

2.1.3 Zentralwert x_z

Der Zentralwert x_z oder Median ist der Wert, der eine nach der Größe geordnete Wertereihe halbiert. Bei einer ungeraden Anzahl $(2k + 1)$ von Messwerten ist der $(k + 1)$-te Wert vom Anfang oder Ende der Reihe der Zentralwert. Besteht eine Reihe aus einer geraden Anzahl $(2k)$ von Werten, so ist die Mitte der beiden Werte k-ten vom Anfang oder Ende der Zentralwert.

Eigenschaften von x_z:

- er bleibt von extremen Werten wie zum Beispiel Ausreißer unbeeinflusst,
- $\sum(x_z - x_i) \to \text{Min}$,
- für umfangreiche Wertereihen unterscheidet sich x_z unwesentlich von $\overline{x}$.

Der Zentralwert oder Median wird auch als das 0,5-Quantil (50. Perzentil) einer geordneten Wertereihe bezeichnet.

Der Wert des p-ten Perzentils hat die Ordnungszahl $p\ (n + 1)$ der Wertereihe mit $0 < p < 1$.

Das 0,25-Quantil heißt unteres Quantil und das 0,75-Quantil oberes Quantil.

Beispiel
Das 25. Perzentil (0,25-Quantil) einer aufsteigend geordneten Wertereihe aus 50 Messwerten ergibt dann den Wert

$$p(n + 1) = 0{,}25(50 + 1) = 12{,}75\,, \quad \text{also den 13. Wert.}$$

2.1.4 Häufigster Wert x_D (Modalwert, Dichtemittel)

Der häufigste Wert x_D, auch Modalwert oder Dichtemittel ist derjenige Wert einer Wertereihe der am häufigsten auftritt. x_D liegt unter dem Gipfelpunkt der Häufigkeitsverteilung. Ist die Wertereihe normalverteilt, so unterscheidet sich der häufigste Wert x_D unwesentlich von $\overline{x}$. Von extremen Werten (Ausreißer) bleibt der häufigste Wert unbeeinflusst.

2.1.5 Harmonisches Mittel (Reziproker Mittelwert) $\overline{x}_\mathrm{H}$

Das harmonische Mittel $\overline{x}_\mathrm{H}$ der Werte x_i ist definiert zu

$$\overline{x}_\mathrm{H} = \frac{n}{\frac{1}{x_1} + \frac{1}{x_2} + \ldots + \frac{1}{x_n}} = \frac{n}{\sum_{i=1}^{n} \frac{1}{x_i}} \quad \text{mit} \quad x_i \neq 0$$

und der Kehrwert des harmonischen Mittels

$$\frac{1}{\overline{x}_\mathrm{H}} = \frac{1}{n} \sum_{i=1}^{n} \frac{1}{x_i}$$

ist das arithmetische Mittel der Kehrwerte $\frac{1}{x_i}$.

Werden den Werten x_i positive Gewichte g_i zugeordnet, so entsteht das gewichtete harmonische Mittel $\overline{x}_{\mathrm{Hg}}$

$$\overline{x}_{\mathrm{Hg}} = \frac{\sum_{i=1}^{n} g_i}{\sum_{i=1}^{n} \frac{g_i}{x_i}}$$

Das harmonische Mittel $\overline{x}_{\mathrm{H}}$ wird für die Mittelwertberechnung von Quotienten verwendet.

2.1.6 Relationen der Mittelwerte

Die unterschiedlichen Mittelwerte $\overline{x}, \overline{x}_{\mathrm{G}}, x_{\mathrm{z}}, x_{\mathrm{D}}$ und $\overline{x}_{\mathrm{H}}$, berechnet aus den Einzelwerten x_i, liegen zwischen $x_{\max}$ und $x_{\min}$ einer geordneten Wertereihe. Ausreißer (extreme Messwerte nach oben und unten) beeinflussen den arithmetischen Mittelwert $\overline{x}$ relativ stark. Dagegen wird der Median/Zentralwert x_{z} und der häufigste Wert x_{D} nicht verändert. Diese Unempfindlichkeit von Median und Dichtemittel x_{D} wird als Robustheit bezeichnet. Bei einem Stichprobenumfang von $n = 2$ sind der Stichprobenmedian und die Spannweitenmitte identisch.

2.1.7 Robuste arithmetische Mittelwerte

Robuste arithmetische Mittelwerte werden erhalten, wenn die Messwerte gestutzt werden, so das α-gestutzte Mittel und das α-winsorisierte Mittel; mit bevorzugt $\alpha = 0{,}05$; $\alpha = 0{,}1$; $\alpha = 0{,}2$. Die Stutzung richtet sich nach der Zahl der vermuteten Ausreißer in den Messwerten. Das um 10 % gestutzte ($\alpha = 0{,}1$) arithmetische Mittel wird erhalten, in dem die geordnete Messwertreihe auf beiden Seiten um 10 % gekürzt und aus den restlichen Werten der arithmetische Mittelwert berechnet wird.

Beim Winsorisierten Mittelwert werden nach prozentualer Kürzung am Anfang und Ende der Messwertreihe die gekürzten Werte durch den jeweils benachbarten Wert am Anfang und Ende der Reihe ersetzt und daraus das arithmetische Mittel berechnet.

Beispiel

- 20 % gestutztes arithmetisches Mittel $\overline{x}_{\mathrm{g}0,2}$ einer aufsteigend geordneten Wertereihe $x_1 \ldots x_{20}$

$$\overline{x}_{g0,2} = \frac{1}{12} \sum_{i=5}^{16} x_i$$

- 10 % winsorisierter arithmetischer Mittelwert $x_{\mathrm{w}0,1}$ der aufsteigend geordneten Messwerte $x_1 \ldots x_{10}$

$$\overline{x}_{\mathrm{w}0,1} = \left(x_2 + \sum_{i=2}^{9} x_i + x_9 \right) \frac{1}{10}$$

Die „Bearbeitung“ von Primärdaten, das betrifft auch die Nichtberücksichtigung von bestimmten Werten (gestutzte Mittelwerte, Winsorisiertes Mittel) bedeutet immer auch einen Informationsverlust.

2.1.8 Mittelwerte aus mehreren Stichproben

Liegen Stichproben $n_1, n_2 \ldots n_i$ mit $\sum n_i = n$ und ihren Mittelwerten $\overline{x}_1, \overline{x}_2, \ldots \overline{x}_i$ vor, so berechnet sich das Gesamtmittel $\overline{\overline{x}}$ (gewogener Mittelwert):

- bei gleichen Varianzen s_i^2 zu

$$\overline{\overline{x}} = \frac{\sum_{i=1}^{k} n_i \overline{x}_i}{\sum_{i=1}^{k} n_i}$$

- und bei ungleichen Varianzen

$$\overline{\overline{x}} = \frac{\sum_{i=1}^{k} n_i \overline{x}_i / s_i^2}{\sum_{i=1}^{k} n_i / s_i^2}$$

2.2 Streuungsmaße

Messwerte bzw. Beobachtungswerte streuen. Die Erfassung der Streuung erfordert Maßzahlen, die diese Variation beschreiben. Wichtigste Beschreibungsgröße für die Streuung im technischen Bereich ist die Standardabweichung.

2.2.1 Variationsbreite (Spannweite) *R*

Die Variationsbreite/Spannweite ist die einfachste Größe zur Beschreibung der Streuung. Es ist die Differenz zwischen größtem und kleinstem Wert einer Messwertreihe.

$$R = x_{\max} - x_{\min}$$

Die Variationsbreite ist für kleine Messwertreihen als Streuungsmaß geeignet. Bei umfangreichen Stichproben liefert die Variationsbreite aber nur geringe Information über die Streuung. Anwendung findet die Variationsbreite in der Qualitätskontrolle. Der Quotient zwischen größten und kleinsten Wert einer Stichprobe ist der Spannweitenkoeffizient K.

$$K = x_{\max}/x_{\min}$$

Wird die Variationsbreite R in Bezug zum Mittelwert der Stichprobe $\overline{x}$ gesetzt, wird die Streuzahl Z erhalten.

$$Z = R/\overline{x} = \frac{\text{Variationsbreite (Spannweite)}}{\text{arithmetrisches Mittel der Stichprobe}}$$

Die Grenzen für die Standardabweichung s der Stichprobe können mit der Variationsbreite R in folgender Weise abgeschätzt werden.

$$\frac{R}{\sqrt{2(n-1)}} \leq s \leq \frac{R}{2}\sqrt{\frac{n}{n-1}}$$

2.2.2 Varianz s^2, σ^2 (Dispersion); Standardabweichung (Streuung) s, σ

Varianz und Standardabweichung von Stichprobe (s^2, s) und Grundgesamtheit (σ^2, σ) sind die wichtigsten Beschreibungsgrößen für die zufälligen Abweichungen vom Mittelwert. Die Varianz bzw. Standardabweichung eignet sich zur Beschreibung von eingipfeligen und nicht zu unsymmetrischen Verteilungen. Gegenüber Ausreißern sind die Größen s^2, σ^2, s, σ empfindlich. Es gilt $s^2 = 0$ für $x_1 = x_2 = \ldots = x_n$.

Definiert ist die Varianz einer Stichprobe zu

$$s^2 = \frac{1}{n-1}\sum_{i=1}^{n}(x_i - \overline{x})^2$$

bzw. in anderer Form

$$s^2 = \frac{\sum_{i=1}^{n} x_i^2 - (\sum_{i=1}^{n} x_i)^2}{n(n-1)}$$

Die positive Wurzel aus s^2 ist die Standardabweichung s, auch Streuung oder mittlere Abweichung genannt.

$$s = \sqrt{\frac{1}{n-1}\sum_{i=1}^{n}(x_i - \overline{x})^2}$$

Die Standardabweichung hat die gleiche Maßeinheit wie die zu charakterisierende Größe.

Die Varianz bei Zählwerten ist ein Maß für die Abweichungen der Einzelwerte um die mittlere Wahrscheinlichkeit p der Stichprobe.

$$s^2 = \frac{p(100-p)}{n-1} \quad \text{und} \quad s = \sqrt{\frac{p(100-p)}{n-1}}$$

$$p = \frac{\text{Anzahl bestimmter Ereignisse}}{\text{Gesamtzahl der Ereignisse}}$$

Varianz σ^2 und Standardabweichung σ der Grundgesamtheit N (gesamte Population) berechnen sich im Unterschied zur Stichprobe zu

$$\sigma^2 = \frac{\sum_{i=1}^{N}(x_i - \mu)^2}{N}$$

und für die Standardabweichung (Streuung)

$$\sigma = \sqrt{\frac{\sum_{i=1}^{N}(x_i - \mu)^2}{N}}$$

Für Zählwerte gilt dann

$$\sigma^2 = \frac{P \cdot Q}{N} \quad \text{und} \quad \sigma = \sqrt{\frac{P \cdot Q}{N}}$$

Darin ist P die Grundwahrscheinlichkeit

$$P = \frac{\text{Anzahl zu charaterisierender Ereignisse}}{\text{Gesamtheit der Ereignisse } (N)}$$

und Q die Grundgegenwahrscheinlichkeit

$$Q = \frac{N - (\text{Anzahl zu charaterisierender Ereignisse})}{\text{Gesamtheit der Ereignisse}}$$

$$Q = 1 - P$$

2.2.3 Variationskoeffizient (Variabilitätskoeffizient) *v*

Der Variationskoeffizient ist ein Maß um die Streuungen von Stichproben unterschiedlicher Maße zu vergleichen. Dazu wird das Verhältnis der Streuung s zum arithmetischen Mittelwert $\overline{x}$ gebildet.

$$v = \frac{s}{\overline{x}} \qquad \overline{x} > 0$$

Der in Prozent ausgedrückte Variationskoeffizient berechnet sich dann zu

$$v\,[\%] = \frac{s}{\overline{x}} \cdot 100$$

2.2.4 Schiefe und Exzess

Bei Abweichungen der Häufigkeitsverteilung von der Normalverteilung (Gauß-Verteilung) wird die Form der Verteilung beschrieben:

- für multimodale Häufigkeitsverteilung durch die Lage und Höhe der Gipfel,
- für unimodale Verteilungen durch Schiefe und Exzess. Schiefe und Exzess sind das dritte und vierte zentrale Moment einer Verteilungsfunktion (Häufigkeitsverteilung). Moment ist dabei Häufigkeit multipliziert mit dem Abstand von der Mitte der Verteilung, siehe auch Abb. 2.2.

Das Moment erster Ordnung ist Null (mittlere absolute Abweichung). Das zentrale Moment zweiter Ordnung entspricht der Varianz.

2.2.4.1 Schiefe, Schiefheitsziffer

Zur Beschreibung von Asymmetrie einer Verteilung können die Summen ungerader Potenz der Differenz $(x_i - \overline{x})$ verwendet werden. Die Schiefe γ wird beschrieben zu

$$\gamma = \frac{1}{n}\sum_{i=1}^{n}\left(\frac{x_i - \overline{x}}{s}\right)^3$$

und

$$\gamma = \frac{1}{n}\sum_{i=1}^{n} z_i^3 \quad \text{mit} \quad z_i = \frac{x_i - \overline{x}}{s}$$

Da das 3. Moment positiv oder negativ sein kann, ist damit eine positive oder negative Schiefe definiert; siehe Abb. 2.2.

Es ist abzuklären, ob die Schiefe nicht durch messtechnische oder mathematische Ursachen bedingt ist. Beispielsweise durch zu geringe Anzahl der Messwerte, durch die Klasseneinteilung oder durch den Abszissenmaßstab.

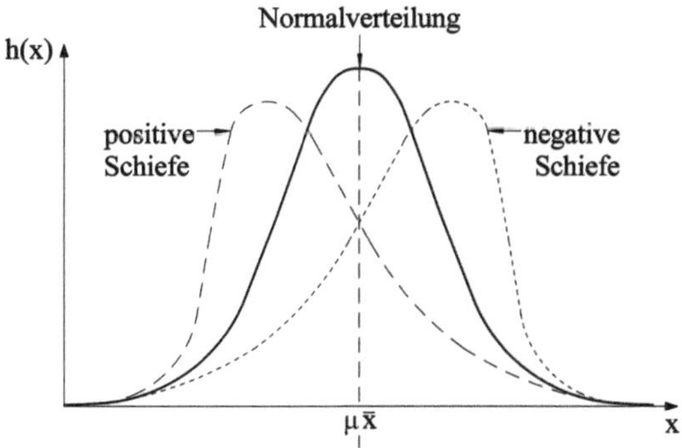

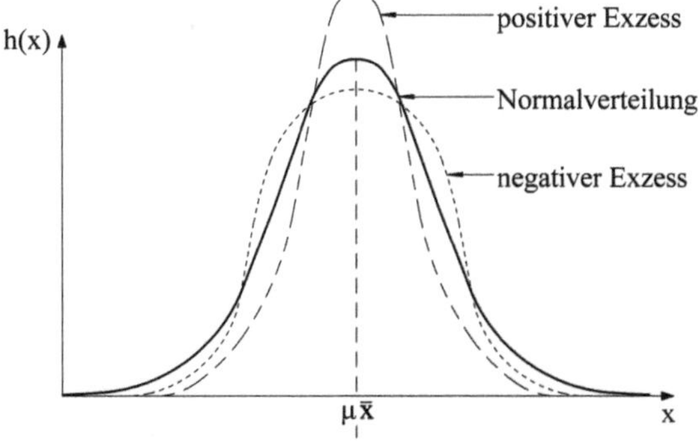

Abb. 2.2 Schiefe und Exzess

Die vorgenannte Beziehung der Schiefe der Stichprobe ist ein nicht erwartungstreuer Schätzer der Schiefe der Grundgesamtheit.

Um die Schiefe der Grundgesamtheit γ_G zu schätzen, wird die Beziehung

$$\gamma_G = \frac{n}{(n-1)(n-2)} \sum_{i=1}^{n} \left(\frac{x_i - \overline{x}}{s} \right)^3$$

verwendet; Korrektur der systematischen Abweichung. In Statistikpaketen wird die Schiefe auch durch die vorgenannte Größe beschrieben.

2.2.4.2 Exzess, Wölbung, Kurtosis

Der Exzess als 4. Moment der Verteilungsfunktion ist definiert zu

$$\eta = \frac{\sum_{i=1}^{n} (x_i - \overline{x})^4}{n \cdot s^4} - 3$$

und

$$\eta = \frac{1}{n} \sum_{i=1}^{n} \left(\frac{x_i - \overline{x}}{s} \right)^4 - 3 \quad \text{bzw.} \quad \eta = \left(\frac{1}{n} \sum_{i=1}^{n} z_i^4 \right) - 3 \quad \text{mit} \quad z_i = (x_i - \overline{x})/s$$

Damit wird die Abweichung von der Normalverteilung derart beschrieben, dass eine spitzere oder breitere Verteilung vorliegt. Bei einer Normalverteilung hat die Größe

$$\eta = \frac{1}{n} \sum_{i=1}^{n} \left(\frac{x_i - \overline{x}}{s} \right)^4$$

den Wert 3.

Durch die vorgenannte Definition des Exzess hat die Normalverteilung den Exzess von Null. Ist die Verteilung breiter und flacher, so ist der Exzess kleiner Null, bei engerer und höherer Verteilung als die Normalverteilung größer Null.

Für den Exzess wird in den Statistikpaketen auch die Größe

$$\eta = \frac{n(n+1)}{(n-1)(n-2)(n-3)} \sum_{i=1}^{n} z_i^4 - \frac{3(n-1)^2}{(n-2)(n-3)}$$

mit $z_i = (x_i - \overline{x})/s$ verwendet.

Für große Stichproben n ist

$$\frac{3(n-1)^2}{(n-2)(n-3)} \approx 3$$

Wenn Schiefe und Exzess einer Häufigkeitsverteilung wesentlich (signifikant) von „Null“ verschieden sind, also größer als ± 2, so ist davon auszugehen, dass die Verteilung der Grundgesamtheit wesentlich von der Normalverteilung abweicht.

2.3 Streubereich und Vertrauensbereich

Streuende Werte (Messwerte) liegen mit einer statistischen Sicherheit in einem Bereich, der durch den arithmetischen Mittelwert, die Streuung und den Student-Faktor t bestimmt wird. Dieser Bereich wird Streubereich genannt. Im Vertrauensbereich/Konfidenzbereich liegt mit einer gewählten statistischen Sicherheit der geschätzte Mittelwert μ der Grundgesamtheit.

2.3.1 Streubereich

Für eine homogene Messreihe mit den Beschreibungsgrößen $\overline{x}$, s und n kann der Streubereich als bestmögliche Schätzung angegeben werden durch

$$\overline{x} - t \cdot s \leq x \leq \overline{x} + t \cdot s$$

Der Streubereich liegt symmetrisch um den arithmetischen Mittelwert

$$\overline{x} \pm t \cdot s$$

oder mit dem Streumaß f_{xi}

$$\overline{x} \pm f_{xi}$$

mit $f_{xi} = t \cdot s$.

Der Faktor t ist der Student-Faktor nach W. S. Gosset. Er ist abhängig vom Freiheitsgrad $f = n - 1$ (siehe dazu Abb. 2.3), der statistischen Sicherheit in Prozent und der Maßgabe ob ein einseitiger Test oder ein zweiseitiger Test betrachtet wird. In den Tab. A2.1 und A2.2 im Anhang A.2 ist eine Auswahl von t-Werten angegeben.

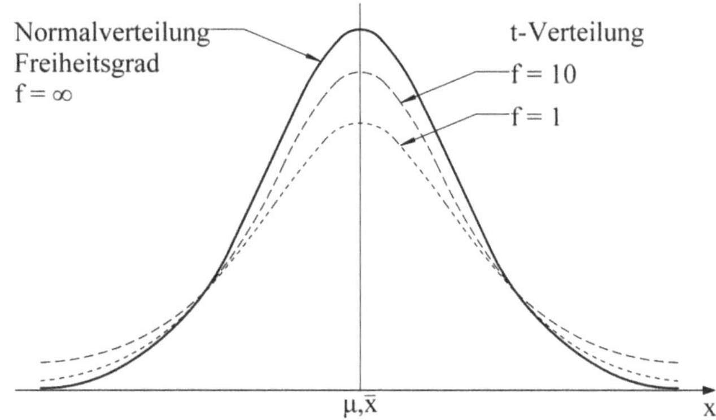

Abb. 2.3 Normalverteilung und t-Verteilung

Ein beliebiger Wert der Grundgesamtheit liegt:

- mit 68,3 %iger Wahrscheinlichkeit im Bereich $\overline{x} \pm s$ und mit 31,7 %iger Wahrscheinlichkeit außerhalb $\overline{x} \pm s$,
- mit 95,5 %iger Wahrscheinlichkeit im Bereich $\overline{x} \pm 2s$ und mit 4,5 %iger Wahrscheinlichkeit außerhalb $\overline{x} \pm 2s$,
- mit 99,7 %iger Wahrscheinlichkeit im Bereich $\overline{x} \pm 3s$ und mit 0,3 %iger Wahrscheinlichkeit außerhalb $\overline{x} \pm 3s$,
- mit 15,85 %iger Wahrscheinlichkeit unterhalb $\overline{x} - s$ und mit gleicher Wahrscheinlichkeit (symmetrisch) oberhalb $\overline{x} + s$.

Bei der Gauß'schen Normalverteilung liegen bei zweiseitigem Vertrauensbereich

- 95 % aller Messwerte im Bereich $\mu + 1{,}96\sigma$,
- 99 % aller Messwerte im Bereich $\mu + 2{,}58\sigma$,
- 99,9 % aller Messwerte im Bereich $\mu + 3{,}29\sigma$.

Bei Zählwerten bestimmt sich der Streubereich zu

$$\overline{x} \pm f_z \quad \text{mit} \quad f_z = \lambda \cdot s$$

f_z ist das Streumaß bei Zählwerten und λ der Gauß'sche Parameter der Normalverteilung. Der Parameter λ gilt auch für die Grundgesamtheit der Messwerte.

Die Tab. A1.3 im Anhang A.1 gibt eine Auswahl des Parameters x in Abhängigkeit von der statistischen Sicherheit.

Anmerkung zu statistischen Sicherheit: Ergebnisse mit 95 %iger Sicherheit werden als wahrscheinlich bezeichnet, bei 99 %iger Sicherheit als signifikant und bei 99,9 %iger Sicherheit als hochsignifikant.

2.3.2 Vertrauensbereich (Konfidenzbereich)

Der Vertrauensbereich bezeichnet die Grenzen (Vertrauensgrenzen) innerhalb derer anhand der Stichprobe bei einer vorgegebenen statistischen Sicherheit der zu schätzende Parameter (Mittelwert) der Grundgesamtheit μ liegt. In den Vertrauensgrenzen, auch Konfidenzgrenzen hat der arithmetische Mittelwert $\overline{x}$ Vertrauen (Konfidenz). In diesem Bereich befindet sich auch mit der angegebenen statistischen Sicherheit der unbekannte Mittelwert der Grundgesamtheit μ.

$$\mu = \overline{x} \pm f_{\overline{x}}$$

$f_{\overline{x}}$ Vertrauensbereich

und

$$\overline{x} - f_{\overline{x}} < \mu < \overline{x} + f_{\overline{x}}$$

Darin sind:

$\overline{x}_{\mathrm{u}} = \overline{x} - f_{\overline{x}}$ die untere Vertrauensgrenze des arithmetischen Mittelwertes und
$\overline{x}_{\mathrm{o}} = \overline{x} + f_{\overline{x}}$ die obere Vertrauensgrenze.

Für $f_{\overline{x}}$ wird nach dem Gesetz der Streuungsfortpflanzung

$$f_{\overline{x}} = \pm \frac{t \cdot s}{\sqrt{n}}$$

erhalten. Damit ergibt sich

$$\mu = \overline{x} \pm \frac{t \cdot s}{\sqrt{n}}$$

Bei Zählwerten ist der Vertrauensbereich

$$P = p \pm f$$

mit

f Streumaß in Prozent
P Grundwahrscheinlichkeit
p Wahrscheinlichkeit der Stichprobe

und $p - f < P < p + f$.

$p - f$ und $p + f$ sind die Vertrauensgrenzen der mittleren Wahrscheinlichkeit.

Beispiel: Streubereich und Vertrauensbereich bei Messwerten
Die Firmeneingangskontrolle stellt an 3 Lieferungen A, B, C des Stahls 38 MnVS6 – 1.1303 CR folgende Eigenschaften fest, siehe Tab. 2.1.

Der Hersteller gibt folgende Werte an (Referenz der Grundgesamtheit):

Streckgrenze R_{e}: min. 520 MPa
Zugfestigkeit R_{m}: 800–950 MPa
Bruchdehnung A_5: min. 12 %

Tab. 2.1 Eigenschaften des Stahls 38 MnVS6 – 1.1303 CR

	Streckgrenze R_e [MPa]	Zugfestigkeit R_m [MPa]	Dehnung A_5 [%]
A	655	853	18
B	648	852	18
C	623	867	17

Berechnung der Mittelwerte und der Streuung
Der Mittelwert berechnet sich zu

$$\overline{x} = \frac{1}{n}(x_1 + x_2 + \ldots + x_n) = \frac{1}{n}\sum_{i=1}^{n} x_i$$

und die Streuung

$$s = \sqrt{\frac{1}{n-1}\sum_{i=1}^{n}(x_i - \overline{x})^2}$$

Damit ergeben sich für die Stichprobe folgende Werte:

$$\overline{x}_{R_e} = 642\,\text{MPa} \qquad s_{R_e} = 16{,}82\,\text{MPa}$$
$$\overline{x}_{R_m} = 857{,}33\,\text{MPa} \qquad s_{R_m} = 8{,}39\,\text{MPa}$$
$$\overline{x}_{A_5} = 17{,}67\,\% \qquad s_{A_5} = 0{,}58\,\%$$

Berechnung des Streubereiches $\overline{x} \pm t \cdot s$
Bei einer statistischen Sicherheit von $S = 95\,\%$ $(\alpha = 0{,}05)$ wird erhalten:

Streckgrenze [MPa]: $642 \pm 49{,}11$
Zugfestigkeit [MPa]: $857{,}33 \pm 24{,}50$
Bruchdehnung [%]: $17{,}67 \pm 1{,}69$.

Die t-Werte enthalten die Tab. A2.1 und A2.2 im Anhang Abschn. A.2, ausgewählte Werte für das Beispiel sind in Tab. 2.2 aufgeführt.

Wird die statistische Sicherheit auf S = 99 % erhöht, werden folgende Werte erhalten:

Streckgrenze [MPa]: $642 \pm 117{,}15$
Zugfestigkeit [MPa]: $857{,}33 \pm 58{,}44$
Bruchdehnung [%]: $17{,}67 \pm 4{,}04$

Für die Zugfestigkeit wird die Herstellerangabe nicht mehr eingehalten.

Tab. 2.2 t-Wert in Abhängigkeit vom Freiheitsgrad f und statistischer Sicherheit S

Statistische Sicherheit	t-Wert bei $f = n - 1$	
	$f = 2$	$f = 9$
$S = 95\,\%$ $(\alpha = 0{,}05)$	2,920	1,833
$S = 99\,\%$ $(\alpha = 0{,}01)$	6,965	2,821
$S = 99{,}9\,\%$ $(\alpha = 0{,}001)$	22,327	4,300

Bei einer statistischen Sicherheit von 99,9 % werden folgende Werte erhalten:

Streckgrenze [MPa]: 642 ± 375,54
Zugfestigkeit [MPa]: 857,33 ± 187,32
Bruchdehnung [%]: 17,67 ± 12,95

Alle Herstellerangaben werden nicht mehr eingehalten.

Würde der Stichprobenumfang auf $n = 10$ erhöht und die Mittelwerte und Streuungen etwa gleich bleiben, ergibt sich bei einer statistischen Sicherheit von 99,9 %:

Streckgrenze [MPa]: 642 ± 72,33
Zugfestigkeit [MPa]: 857,33 ± 36,08
Bruchdehnung [%]: 17,67 ± 2,49

Unter diesen Bedingungen würden alle Herstellerangaben eingehalten, selbst bei einer statistischen Sicherheit von 99,9 %.

Vertrauensbereich

$$\mu = \overline{x} \pm \frac{t \cdot s}{\sqrt{n}}$$

Für die 3 Materiallicfcrungen wird bei einer statistischen Sicherheit von $S = 95\,\%$ erhalten:

- für die Streckgrenze μ_{R_e} [MPa]: 642 ± 28,36
- für die Zugfestigkeit μ_{R_m} [MPa]: 857,33 ± 14,14
- für die Bruchdehnung μ_{A_5} [%]: 17,67 ± 0,98

In den vorgenannten Bereichen ist mit der angegebenen statistischen Sicherheit der Mittelwert der Grundgesamtheit zu erwarten.

Literatur

1. DIN ISO 3534-1: statistics – vocabolary and symbols – Part 1
2. DIN ISO 3534-2: Statistik – Begriffe und Formelzeichen – Teil 1: Wahrscheinlichkeit und allgemeine statistische Begriffe

Statistische Messdaten und Fertigung 3

Statistische Methoden sind Bestandteil der Qualitätssicherung. Das Qualitätsmanagement und die Qualitätssicherung sind ein eigenständiges und umfangreiches Wissensgebiet. Deshalb werden hier nur die Zusammenhänge zwischen statistischen Daten und Fertigung dargelegt. Bezüglich weiterführender Inhalte wird auf die umfangreiche Literatur zu Qualitätsmanagement und Qualitätssicherung verwiesen.

3.1 Statistische Daten in der Fertigung

In der ingenieurmäßigen Fertigung werden Produkteigenschaften, die für die Funktion notwendig sind, bestimmt (gemessen) und überwacht. Darüber hinaus können weitere Eigenschaften des Produktes erfasst werden. Das Eigenschaftsprofil, die Eigenschaftsmatrix (Spaltenmatrix) wird zwischen Abnehmer/Kunde des Teiles bzw. des Produktes und dem Hersteller vereinbart. Auf Seiten des Abnehmers sind durch die Konstruktion die Toleranzen der funktionsbedingten Eigenschaft bzw. Eigenschaften festgelegt. Zur Einhaltung dieser Größen werden die folgenden Werte verwendet.

Die statistische Verteilung der Merkmale von Produkten (kontinuierliche Zufallsvariable) wird in der Fertigung durch die Einteilung in Klassen erfasst.

Arithmetischer Mittelwert $\overline{x}$

$$\overline{x} = \sum_{i=1}^{n} x_i / n$$

x_i Einzelmesswert
n Anzahl der Messwerte

H. Schiefer, F. Schiefer, *Statistik für Ingenieure*, https://doi.org/10.1007/978-3-658-20640-6_3

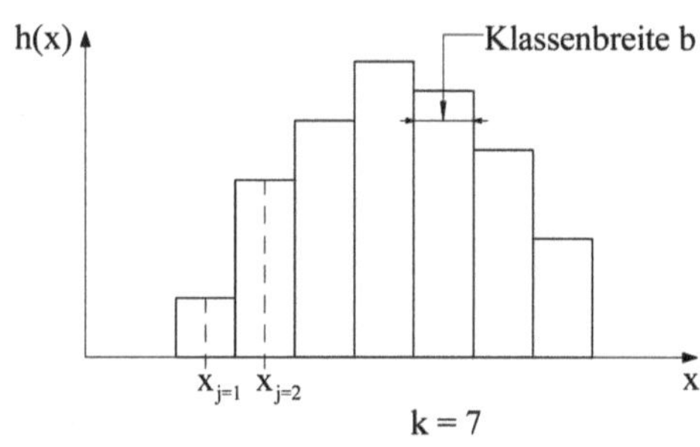

Abb. 3.1 Häufigkeitsverteilung bei klassierten Werten

Bei Klassenbildung mit Klassen gleicher Klassenbreite b mit $b = 3{,}5s/\sqrt[3]{n}$ und der Klassenzahl k mit $k \approx 1 + 3{,}3 \log n$ sowie der Häufigkeit h_j der Klasse entsteht

$$\overline{x} = \frac{1}{n}\sum_{j=1}^{n} x_j \cdot h_j \quad \text{mit}\, h_j = \frac{n_j}{n} \text{ und } x_j \text{ den Klassenmitten.}$$

Die Anzahl der Klassen k wird auch mit der Faustformel $k = \sqrt{n}$ mit $7 < k < 20$ bestimmt, wobei die Klassenbreite $b = R/k - 1$ ist. Siehe dazu auch Abb. 3.1.

Spannweite (Range) *R*

$$R = x_{\max} - x_{\min}$$

$x_{\max}$ größter Messwert
$x_{\min}$ kleinster Messwert

Standardabweichung *s*

Bei Einzelmesswerten x_i

$$s^2 = \frac{1}{n-1}\sum_{i=1}^{n}(\overline{x} - x_i)^2; \quad s = \sqrt{\frac{\sum_i^n (\overline{x} - x_i)^2}{n-1}}$$

und bei klassierten Werten

$$s^2 = \frac{1}{n-1}\left[\sum_{j=1}^{n} h_j \cdot x_j^2 - \frac{1}{n}\left(\sum_{j=1}^{n} h_j \cdot x_j\right)^2\right]$$

$$s = \sqrt{\frac{1}{n-1}\sum_{j=1}^{n} h_j \cdot x_j^2 - \frac{1}{n}\left(\sum_{j=1}^{n} h_j \cdot x_j\right)^2}$$

mit x_j den Klassenmitten der klassierten Messwerte.

Der sechsfache Wert der Streuung ($6s$) ist die Fertigungsstreuung T.

Im Bereich $\overline{x} \pm 3 \cdot s$ liegen 99,73 % aller Einzelmesswerte; im Bereich $\overline{x} \pm 3{,}29 \cdot s$ liegen 99,9 %.

In der klassischen Formulierung ist bei $6 \cdot s \geq T$ das Fertigungsmittel ungeeignet, die geforderte Toleranz einzuhalten. Bei $6 \cdot s \approx \frac{2}{3}T$, also $9 \cdot s = T$ ist die Fertigung einwandfrei. Bei $6 \cdot s \ll T$ ist die Fertigung einwandfrei, das Fertigungsmittel allerdings nicht ausgenutzt.

Mit den gestiegenen Anforderungen an die Fertigung im Sinne einer Null-Fehler-Produktion (die Gauß'sche Verteilung/Normalverteilung geht erst mit $\pm\infty$ gegen Null) ist die Relation Toleranz zur Fertigungsstreuung erhöht worden.

3.2 Maschinenfähigkeit, Maschinenfähigkeitsuntersuchung

Die Untersuchung der Maschinenfähigkeit (MFU) dient der Bewertung einer Maschine bzw. Anlage bei der Abnahme, also beim Kauf einer Maschine/Anlage oder bei der Inbetriebnahme beim Kunden. Die Maschinenfähigkeit wird unter definierten Bedingungen in kurzer Zeit durchgeführt. Die Einflüsse auf die Fertigungsbedingungen von Mensch, Material, Messmethode, Maschinentemperatur und Fertigungsmethode (5M) sollten im Wesentlichen konstant sein. Im Allgemeinen wird der funktionsbestimmende Kennwert/-Messwert an ca. 50 Teilen ermittelt. Es wird damit die Kurzzeitfähigkeit charakterisiert.

Aus den Messwerten werden der Mittelwert $\overline{x}$ und die Streuung s berechnet. Mit diesen Größen werden zwei Kennwerte formuliert:

Maschinenbeherrschbarkeit c_{m}

$$c_{\mathrm{m}} = \text{Toleranz } T/\text{Maschinenstreuung} = T/(6 \cdot s)$$

und Maschinenfähigkeit c_{mk}

$$c_{\mathrm{mk}} = \frac{(\text{kleinster Abstand von } \overline{x} \text{ zur oberen oder unteren Toleranzgrenze})}{\text{halbe Maschinenstreuung}}$$

mit Z_{krit} dem kleinsten Abstand von $\overline{x}$ zur oberen oder unteren Toleranzgrenze

$$c_{\mathrm{mk}} = Z_{\mathrm{krit}}/(3 \cdot s)$$

Liegt der Mittelwert $\overline{x}$ in der Toleranzfeldmitte, so ist $c_{\mathrm{m}} \equiv c_{\mathrm{mk}}$.

Der c_{m}-Wert beschreibt die Fähigkeit in einem bestimmten Toleranzfeld zu fertigen; der c_{mk}-Wert berücksichtigt die Lage im Toleranzfeld. Als Richtwert gilt ein c_{m}-Wert größer 1,67 und ein c_{mk}-Wert größer 1,33.

3.3 Prozessfähigkeit, Prozessfähigkeitsuntersuchung

Die Prozessfähigkeit beschreibt die Stabilität und Reproduzierbarkeit eines Fertigungsprozesses/Produktionsprozesses. Prozessstabilität ist Voraussetzung für die Prozessfähigkeitsuntersuchung.

Die Untersuchung der Prozessfähigkeit (PFU) hat zwei Inhalte: die vorläufige PFU mit den Kennwerten p_p und p_{pk} untersucht den Prozess vor dem Serienanlauf; dabei werden die unteren und oberen Eingriffsgrenzen ermittelt. Die Langzeit-PFU bewertet den Produktionsprozess nach dem Serienanlauf. Dabei werden alle praktisch vorliegenden Einflüsse (reale Prozessbedingungen) berücksichtigt. Die Kennwerte c_p und c_{pk} werden bestimmt. Abb. 3.2 zeigt die Größen für die Maschinenfähigkeit und die Prozessfähigkeit im Toleranzfeld.

Der Fertigungsprozess ist stabil, wenn er reproduzierbar, quantifizierbar und rückverfolgbar ist, damit ist er auch personenunabhängig, planbar und terminisierbar.

Bei der Langzeit-PFU werden mindestens 25 Stichproben mit jeweils drei oder fünf Einzelmessungen ($n = 3$; $n = 5$) untersucht.

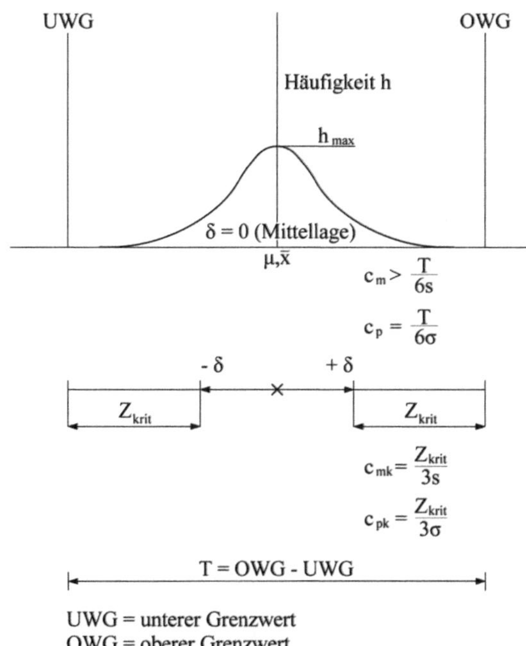

Abb. 3.2 Maschinenfähigkeit und Prozessfähigkeit im Toleranzfeld

Aus den Stichproben werden berechnet:

- Mittelwert der Stichprobenmittelwerte

$$\overline{\overline{x}} = \frac{1}{m} \sum_{j=1}^{m} \overline{x}_j$$

$\overline{x}_j$ Mittelwert der Stichprobe
m Anzahl der Stichproben

- Schätzwert der Standardabweichung $\hat{\sigma}$

$$\text{aus} \quad \overline{s} = \frac{1}{m} \sum_{j=1}^{m} s_j \quad \text{mit} \quad \hat{\sigma} = \sqrt{\overline{s}^2}$$

- mittlere Spannweite der Stichprobe

$$\overline{R} = \frac{1}{m} \sum_{j=1}^{m} R_j$$

Bei üblichen Bedingungen ist $\hat{\sigma} = 0{,}4 \cdot \overline{R}$ nach [1].

Mit diesen Größen werden berechnet:

- Prozessbeherrschbarkeit (Prozesspotential)

$$c_\mathrm{p} = \text{Toleranz } T/\text{Prozessstreuung} = T/(6 \cdot \hat{\sigma})$$

- Prozessfähigkeit

$$c_\mathrm{pk} = \frac{\text{kleinster Abstand von } x \text{ zur oberen oder unteren Toleranzgrenze, } Z_\mathrm{krit}}{\text{halbe Prozessstreuung}}$$

$$c_\mathrm{pk} = Z_\mathrm{krit}/(3 \cdot \hat{\sigma})$$

Ist der Prozess zentriert, so gilt $c_\mathrm{pk} = c_\mathrm{p}$, andernfalls $c_\mathrm{pk} < c_\mathrm{p}$. Es gilt auch $c_\mathrm{m} \geq c_\mathrm{p}$.

Bewertung der Prozessfähigkeit:

- $c_\mathrm{p} = 1$, d. h. die Toleranz $T = 6 \cdot \hat{\sigma}$; der Ausschussanteil beträgt dabei ca. 0,3 %
- $c_\mathrm{p} = 1{,}33$; $T = 8 \cdot \hat{\sigma}$; allgemeine Forderung c_m, c_p, $c_\mathrm{pk} \geq 1{,}33$
- $c_\mathrm{p} = 1{,}67$; $T = 10 \cdot \hat{\sigma}$
- $c_\mathrm{p} = 2$; $T = 12 \cdot \hat{\sigma}$ (Forderung $c_\mathrm{p} = 2$; $c_\mathrm{pk} = 1{,}67$)
- c_p-Werte zwischen 3 und 5 führen zu sehr sicheren Prozessen („TAGUCHI-Philosophie“). Mit steigenden c_p-Werten steigen üblicherweise die Prozesskosten!

Der Prozess ist:

- fähig und beherrscht, wenn $c_p \geq 1{,}33$ bzw. $c_{pk} \geq 1{,}33$;
- fähig und bedingt beherrscht bei $c_p \geq 1{,}33$ bzw. $1{,}00 < c_{pk} \leq 1{,}33$;
- fähig und nicht beherrscht bei $c_p \geq 1{,}33$ und $c_{pk} < 1{,}00$;
- nicht fähig und nicht beherrscht, wenn $c_p < 1{,}33$ bzw. $c_{pk} < 1{,}00$.

Die Grenze der Prozessfähigkeit mit $c_p = 1{,}33$ bedeutet $T = 8\sigma$, die Grenze für $c_{pk} = 1{,}00$, $Z_{krit} = 3 \cdot \sigma$.

Bei Mittellage der Fertigung im Toleranzfeld liegen 99,73 % aller Werte im Bereich $\overline{x} \pm 3 \cdot s$ im Bereich $\overline{x} \pm 4 \cdot s$ liegen 99,994 % aller Werte und im Bereich $\overline{x} \pm 5 \cdot s$ sind es 99,99994 % aller Messwerte. Die Normalverteilung geht erst mit $\pm\infty$ gegen „Null“!

3.4 Operationscharakteristik, Durchschlupf

Operationscharakteristik

Die Kontrolle von Merkmalen eines Produktes/Erzeugnisses ist sowohl für den Hersteller als auch für den Abnehmer von Wichtigkeit. Festgelegt wird dabei, ob eine 100-prozentige Prüfung erfolgt oder eine Stichprobenprüfung. Die 100-prozentige Prüfung gibt eine hohe Sicherheit, dass nur Teile, die den Anforderungen entsprechen zum Abnehmer gelangen. Diese Prüfung ist aufwändig, auch gibt es keine 100-prozentige Sicherheit, dass keine Fehlteile (fehlerhaften Teile) zum Abnehmer/Kunden gelangen.

Die Alternative ist die Stichprobenprüfung [2, 3]. Über eine Stichprobe wird auf die Grundgesamtheit, die Losgröße geschlossen. Dabei entsteht die grundsätzliche Frage, wie viel Fehlteile eine Stichprobe enthalten kann, um die Losgröße anzunehmen oder abzulehnen, also

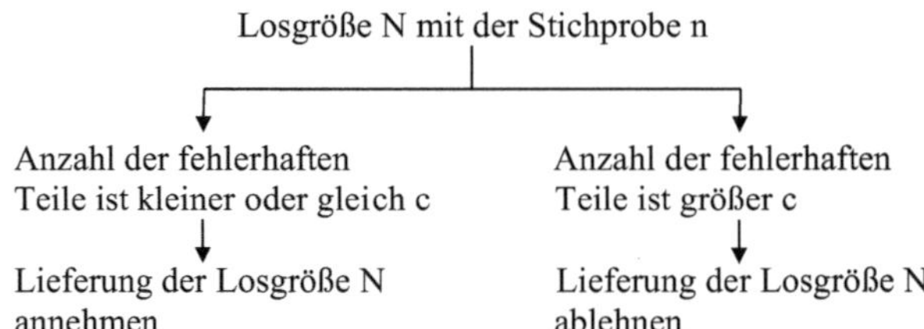

Diese Vorgehensweise impliziert die Vorstellung, dass der Fehleranteil der Stichprobe gleich ist wie in der Losgröße. Dies ist aber nicht der Fall, der Fehleranteil der Stichprobe liegt in der Nähe vom Fehleranteil der Losgröße. Daraus ergibt sich, dass aufgrund des Fehlers der Stichprobe die Losgröße angenommen, als auch abgelehnt werden kann. Für den Hersteller und für den Abnehmer entstehen folglich Risiken. Welche Risiken beide eingehen, beschreibt die Operationscharakteristik, siehe dazu Abb. 3.3 und DIN ISO 2859 [2].

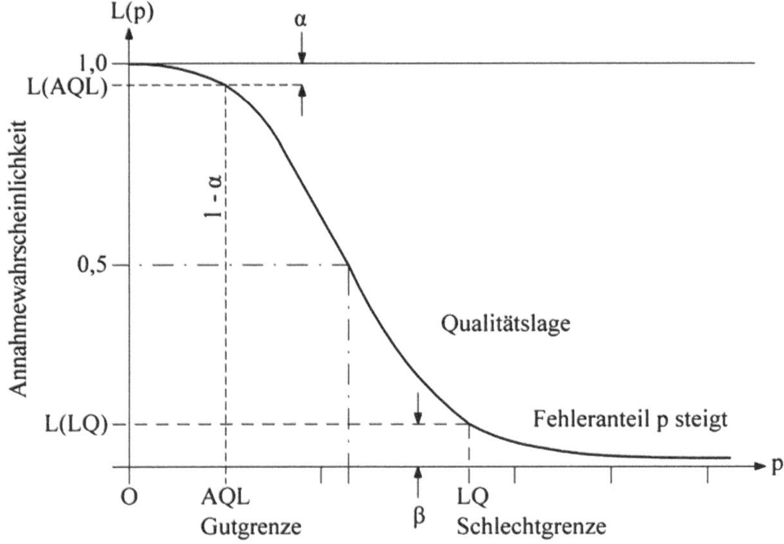

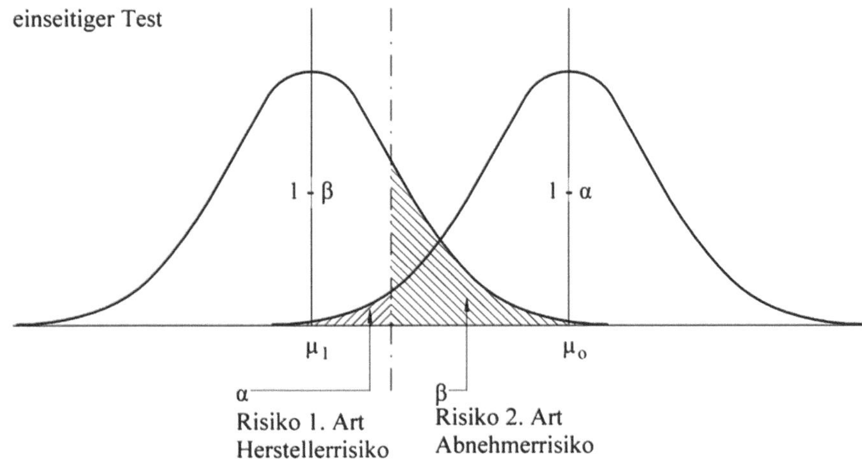

Abb. 3.3 Operationscharakteristik (OC)

Es ist die Annahmewahrscheinlichkeit $L(p)$ der Losgröße N in Abhängigkeit vom Prozentsatz Ausschuss (fehlerhafter Teile) p. Der Verlauf, die Form der Kennlinie (Operations-Charakteristik) ist abhängig vom Stichprobenumfang n und von der Anzahl fehlerhafter Teile c.

Die Berechnung der Operationscharakteristik erfolgt im Allgemeinen mit der Binomial-, der hypergeometrischen oder der Poissonverteilung. Die Binomialverteilung konvertiert mit $n \to \infty$ gegen die Normalverteilung. Die hypergeometrische Verteilung und die Binomialverteilung gehen mit großer Grundgesamtheit N und mit geringem Stichprobenumfang n ineinander über ($n/N \leq 0{,}05$). Die Poissonverteilung ist für große n und kleine p ($n \geq 50$, $p \leq 0{,}05$) die Grenzverteilung der Binomialverteilung.

Die Wahrscheinlichkeitsfunktion der Binomialverteilung mit $n/N < 1/10$ ist die Annahmewahrscheinlichkeit.

$$L(p) = \sum_{k=0}^{c} \binom{n}{k} \cdot p^k \cdot (1-p)^{n-k} \quad k = 0, 1, \ldots c$$

Darin sind:

n	Stichprobenumfang
N	Grundgesamtheit (Losgröße)
p	Annahmewahrscheinlichkeit (Fehleranteil in der Grundgesamtheit)
$q = 1 - p$	Gegenwahrscheinlichkeit
c	Anzahl der fehlerhaften Teile (Annahmezahl)

Die Funktion $L(p)$ ist die Annahmekennlinie oder Operationscharakteristik (OC), α ist das Herstellerrisiko/Lieferantenrisiko und β das Abnehmerrisiko.

Der Wert $p_{1-\alpha}$ ist die annehmbare Qualitätsgrenzlage (AQL-Wert, Acceptable Quality Level), der Wert p_β ist die rückzuweisende Qualitätsgrenzlage (RQL, Rejectable Quality Level).

Die Annahmekennlinie verläuft umso steiler, je größer der Stichprobenumfang ist. Je kleiner die Anzahl der fehlerhaften Teile c bei gleichbleibenden Stichprobenumfang n ist, desto steiler verläuft auch die Kennlinie. D. h. das mit der Steilheit der Operationscharakteristik die Trennschärfe der Stichprobenanweisung größer wird (kleinerer β-Fehler).

α: mit dieser Wahrscheinlichkeit wird ein Los abgelehnt, obwohl der maximale Fehleranteil entsprechend der Vereinbarung (AQL) eingehalten wird. Das α-Risiko ist das Lieferantenrisiko; $\alpha = 1 - L$ (AQL)

β: mit dieser Wahrscheinlichkeit wird ein Los angenommen, obwohl der Fehleranteil entsprechend der Vereinbarung überschritten wird. Das β-Risiko ist das Abnehmerrisiko; $\beta = L(\mathrm{LQ})$

AQL (acceptance quality limit): annehmbare Qualitätsgrenzlage (DIN ISO 2859 [2]); bei AQL wird allgemein gefordert, dass die Annahmewahrscheinlichkeit des Loses größer 90 % ist.

LQ (limiting quality): zurückzuweisende Qualitätsgrenzlage; übliche Anforderung ist, dass bei LQ die Annahmewahrscheinlichkeit für ein Los kleiner als 10 % ist.

Durchschlupf

Der Durchschlupf (D) ist der mittlere Anteil der fehlerhaften Teile im Los, der die Prüfung durchläuft und nicht aussortiert wurde, also durchschlüpft. Nur wenn ein Los angenommen wird, können fehlerhafte Teile durchschlüpfen (Risiko für den Abnehmer/Kunde).

Der Durchschlupf wird auch als AOQ-Wert bezeichnet (Average Outgoing Quality). Die zu erwartende Quote ist mit der Operationscharakteristik zu berechnen. Der Durchschlupf (in Prozent) ist der Quotient der fehlerhaften Teile zum Losumfang (Grundgesamtheit). Das Ergebnis ist auch abhängig davon, wie mit der Stichprobe umgegangen wird. Die Möglichkeiten sind:

- der Anteil der Stichprobe wird weggelassen,
- aus dem Anteil der Stichprobe werden die fehlerhaften Teile aussortiert,
- aus dem Anteil der Stichprobe werden die fehlerhaften Teile durch Gut-Teile ersetzt.

Die Lösungen für den Durchschlupf bei den vorgenannten Bedingungen für die Stichprobe und das Los ergeben eine 3 × 3 Matrix [4].

Werden die fehlerhaften Teile der Stichprobe aussortiert, so berechnet sich der Durchschlupf zu

$$D = \frac{N - n}{N} \cdot L(p) \cdot p; \quad \text{mit}\, n \ll N \text{ folgt } D \approx L(p) \cdot p$$

Darin sind:

n Stichprobenumfang
p Anteil der Schlecht-Teile im Los
$L(p)$ Wahrscheinlichkeit, dass das Los angenommen wird
N Losumfang.

Der Durchschlupf ist Null, wenn das Los fehlerfrei ist. Mit zunehmendem Fehleranteil steigt D an bis zu einem maximalen Wert und fällt dann gegen Null ab, weil die Wahrscheinlichkeit bei schlechten Losen steigt, dass diese Lose zurückgewiesen werden, siehe Abb. 3.4.

Das Maximum für den Durchschlupf, also $D_{\max}$ wird auch als AOQL-Wert (Average Outgoing Quality Limit) bezeichnet; der Fehleranteil bei diesem Maximum p_{AOQL}.

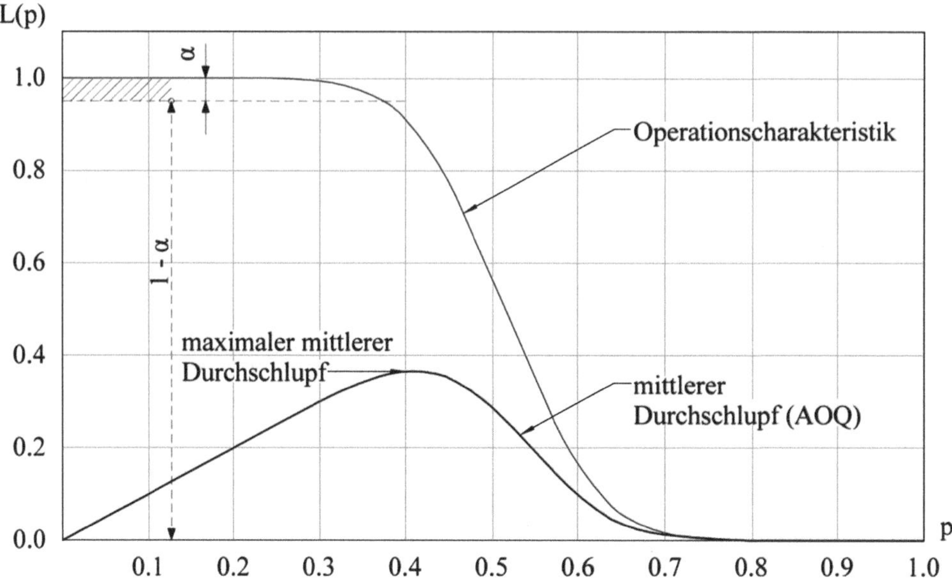

Abb. 3.4 Operationscharakteristik und Durchschlupf nach [5]

Beispiel: Operationscharakteristik und Durchschlupf
Berechnung der Operationscharakteristik und Berechnung des Durchschlupfes mit dem Algorithmus von Günther/TU Clausthal, Institut für Mathematik [5].

Berechnung mit der Binomialverteilung; vorgegebene Werte: $\alpha = 0{,}05$; $\beta = 0{,}1$

Gutgrenze: $1 - \alpha = 0{,}95$
$p_{1-\alpha} = 0{,}01$
Schlechtgrenze: $\beta = 0{,}1$
$p_{\beta} = 0{,}1\,\%$
Stichprobenplan: $n = 51$; $c = 2$

Im Ergebnis der Berechnung werden der Losgröße (N) 51 Teile entnommen (Stichprobe) und der Prüfung unterzogen. Die Lieferung wird angenommen, wenn höchstens 2 Teile der Stichprobe die Prüfbedingungen nicht erfüllen.

Der Stichprobenplan hält die Gut- und die Schlechtgrenze ein. Die Abb. 3.5 zeigt das Ergebnis der Berechnung. Der im Beispiel berechnete Durchschlupf ist in Abb. 3.6 dargestellt. Die Bedingungen für die Gut- und die Schlechtgrenze entsprechen denen für die Operationscharakteristik (Abb. 3.5).

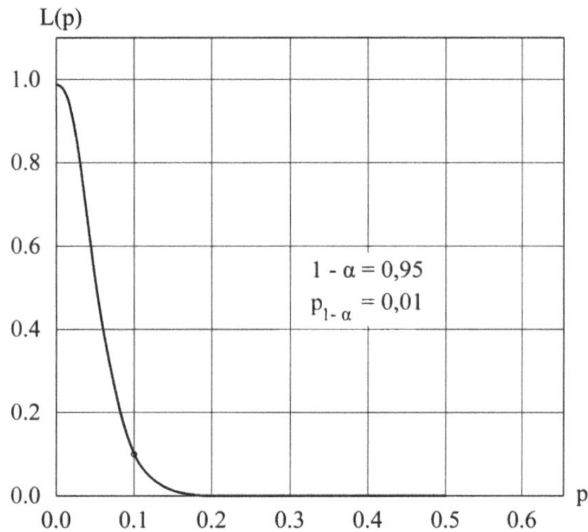

Abb. 3.5 Berechnungsbeispiel zur Operationscharakteristik

Der mittlere Durchschlupf (Average Outgoing Quality) beträgt:

$$\mathrm{AOQ} = p \cdot L_{N,n,c}(p)$$

und der maximale mittlere Durchschlupf (Average Outgoing Quality Limit) berechnet sich zu:

$$\mathrm{AOQL} = \max(p \cdot L(p)) \approx 0{,}027$$

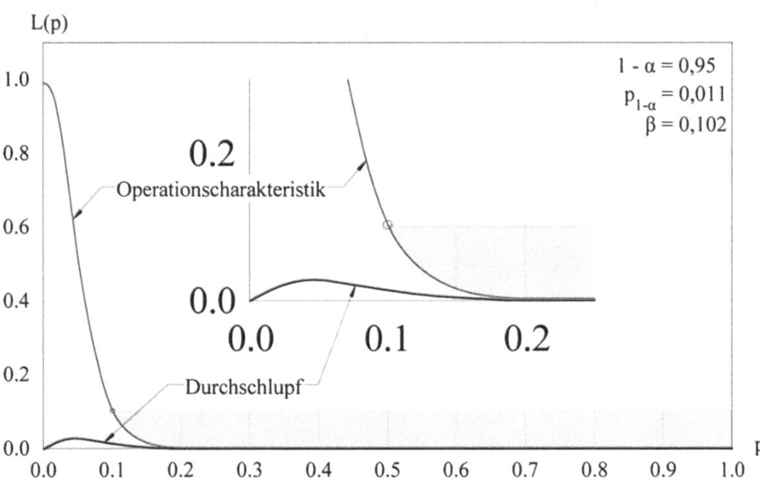

Abb. 3.6 Berechnungsbeispiel zum Durchschlupf

Literatur

1. Hering, E., et al.: Qualitätsmanagement für Ingenieure. Springer, Berlin, Heidelberg (2013)
2. DIN ISO 2859: Annahmestichprobenprüfung anhand der Anzahl fehlerhafter Einheiten oder Fehler (Attributprüfung)
3. DIN ISO 3951: Verfahren für die Stichprobenprüfung anhand quantitativer Merkmale (Variablenprüfung)
4. Thümmel, A. L: http://www.thuemmel.co/FBMN-HP/download/QM/Skript.pdf. Zugegriffen: 19. Sept. 2017
5. Algorithmus von Günther: TU Clausthal. https://www.mathematik.tu-clausthal.de/interaktiv/qualitaetssicherung/operationscharakteristik/. Zugegriffen: 19. Sept. 2017

4 Fehlerbetrachtung (Fehlerrechnung)

► Mess- oder Beobachtungswerte ohne Angabe der Fehler sind unvollständig.

Die Qualität von Mess- oder Beobachtungswerten wird durch die Fehler der Werte beschrieben. Unterschieden wird in zufällige und systematische Fehler. Zufällige Fehler streuen, systematische Fehler sind grundsätzlich erfassbar.

4.1 Fehler der Messwerte

Alle Messungen sind mit Fehlern behaftet, selbst bei idealen Messbedingungen. Jeder messtechnische Prozess ist durch eine Vielzahl von Einwirkungen beeinflusst. Das heißt, der Prozess der Messwerterfassung ist nicht streng determiniert. Die Messwerte streuen, sie haben Wahrscheinlichkeitscharakter. Solche Fehler sind zufällige Fehler, sie werden als Unsicherheit bezeichnet.

Des Weiteren gibt es noch systematische Fehler; ein systematischer Einfluss erzeugt eine Messwertänderung, z. B. durch eine definierte Temperaturänderung. Die systematischen Fehler, auch als methodische Fehler oder beherrschbare Fehler bezeichnet, sind in der Unrichtigkeit erfasst.

Durch die Definition des systematischen Fehlers

$$\text{Fehler} = \text{Falsch} - \text{Richtig}$$

ist das Vorzeichen bei der Unrichtigkeit festgelegt, also z. B. Fehler = Istwert − Sollwert. Die vollständige Angabe eines Messergebnisses beinhaltet dann

$$y = f(x_i) - \text{Unrichtigkeit} \pm \text{Unsicherheit}$$

Durch die systematischen Fehler wird das Messergebnis unrichtig, durch zufällige Fehler unsicher.

H. Schiefer, F. Schiefer, *Statistik für Ingenieure*, https://doi.org/10.1007/978-3-658-20640-6_4

Zufällige Fehler werden manchmal auch als zufällige Abweichungen und systematische Fehler als systematische Abweichungen bezeichnet. Im Nachfolgenden wird die Bezeichnung Fehler beibehalten.

4.1.1 Systematische Fehler

Systematische Fehler, auch als methodische oder beherrschbare Fehler bezeichnet, sind bei identischen Mess- und Versuchsbedingungen in ihrer Größe und mit ihrem Vorzeichen konstant. Die Ursachen systematischer Fehler sind vielgestaltig; letztlich sind es immer Annahmen zum Messsystem, die so nicht erfüllt werden.

Beispiele dazu sind:

- Eichbedingungen der Maßverkörperung (zum Beispiel Endmaß) entsprechen nicht den Prüfbedingungen (unterschiedliche Temperatur, Druck, Feuchtigkeit u. a.),
- Fehler der Maßverkörperung durch Herstellungstoleranz und Verschleiß (systematischer Fehler eines Endmaßes),
- Verhalten des Messgegenstandes unter der Prüfbeanspruchung.

Beispiel

Wenn bei der Längenmessung zwischen Eichtemperatur und Messtemperatur unterschiedliche Temperaturen vorliegen, dann berechnet sich der systematische Fehler der gemessenen Länge Δl_z zu

$$\Delta l_z = l\left[\alpha_p\left(T_p - T_0\right) - \alpha_M\left(T_M - T_0\right)\right]$$

mit

l Messlänge
T_{P} Temperatur des Prüflings
T_{M} Temperatur der Maßverkörperung
T_0 Eichtemperatur
α_{p} Ausdehnungskoeffizient des Prüflings
α_{M} Ausdehnungskoeffizient der Maßverkörperung

Der erfasste systematische Fehler wird Unrichtigkeit genannt. Um den systematischen Fehler kann der Messwert berichtigt werden.

Für die Einzelmessung ergibt sich der Fehler Δx_i zu

$$\Delta x_i = x_{i\mathrm{s}} - x_i$$

mit

$x_{i\mathrm{s}}$ falscher Messwert durch systematischen Fehler
x_i richtiger Messwert

Durch geänderte Messanordnung oder Messbedingungen können die systematischen Fehler bestimmt werden. Werden systematische Fehler nicht bestimmt, so können sie abgeschätzt und in die Messunsicherheit(!) einbezogen werden (s. Abschn. 4.1.2). Systematische Fehler können durch wiederholte Einzelmessungen nicht erkannt werden.

4.1.2 Zufällige Fehler

Zufällige Fehler sind bei gleichen/identischen Messbedingungen nach ihrer Größe und dem Vorzeichen verschieden, sie streuen. Die Abweichungen der Werte sind im Allgemeinen um einen Mittelwert statistisch verteilt. Streuungen des Messergebnisses treten immer auf; dadurch wird das Ergebnis unsicher.

Die Ursachen der zufälligen Fehler sind Schwankungen der Messbedingungen, streuende Geräte- und Belastungskennwerte. Auch die Änderung der Auffassung des Beobachtens erzeugt zufällige Fehler.

Der erfasste zufällige Fehler ist die Unsicherheit u_{xi}

$$u_{xi} = x_{iz} - x_i$$

mit

x_{iz} falscher Messwert durch zufälligen Fehler
x_i richtiger Messwert.

Die zufälligen Abweichungen der Einzelmesswerte vom Mittelwert werden durch die Streuung oder Standardabweichung charakterisiert. Die Verteilung der Wahrscheinlichkeiten $W\,(x_{iz})$ der zufälligen Fehler wird durch die Gauß'sche Glockenkurve (Normalverteilung) beschrieben. Die Kurve hat ihr Maximum bei $\overline{x}$, siehe hierzu auch Abb. 2.3.

$$W\,(x_{iz}) = \frac{1}{\sigma \cdot \sqrt{2\pi}} \exp\left(-\frac{(x_{iz} - \overline{x})^2}{2\sigma^2}\right)$$

mit

x_{iz} Messwert
σ Standardabweichung
σ^2 Varianz
$\overline{x}$ wahrscheinlichster Wert, d. h. $\overline{x}$ (arithmetischer Mittelwert)

Die Unsicherheit eines Messergebnisses u_{xi} bestimmt sich aus dem Vertrauensbereich der zufälligen Fehler $f_{\overline{x}}$ und den abgeschätzten (technisch nicht erfassten) systematischen Fehlern sowie der Unsicherheit der erfassten systematischen Fehler $\delta_{\overline{x}}$. Somit enthält $\delta_{\overline{x}}$ eine geschätzte Größe.

Da die Wahrscheinlichkeit gering ist für den Fall, dass zufällige Fehler und abgeschätzte systematische Fehler sowie die Unsicherheit der erfassten systematischen Fehler mit gleichen Vorzeichen und in ihrem jeweiligen Maximalwert auftreten, werden sie quadratisch zusammengefasst.

$$u_{xi} = \sqrt{f_{\overline{x}}^2 + \delta_{\overline{x}}^2}$$

und

$$f_{\overline{x}} = \pm \frac{t \cdot s}{\sqrt{n}}$$

mit

$f_{\overline{x}}$ Vertrauensbereich des zufälligen Fehlers,
$\delta_{\overline{x}}$ abgeschätzte systematischen Fehler und die Unsicherheit der erfassten systematischen Fehler.

Die Unsicherheit des Messergebnisses u_{xi} ist der wahrscheinliche Maximalwert. Wenn die geschätzten Größen nicht vorliegen, wird auch nur der Vertrauensbereich des zufälligen Fehlers als Unsicherheit des Messergebnisses verwendet.

4.2 Fehler des Messergebnisses

Im Allgemeinen ist ein Messergebnis y eine Funktion mehrerer Einflussgrößen x_i.

$$y = f(x_1, x_2, \ldots x_i \ldots x_k)$$

Nur in Ausnahmefällen ist die in einem Messverfahren erfasste Größe das Messergebnis.

Mit der Unrichtigkeit Δy und der Unsicherheit u_y ist das Messergebnis beschrieben zu

$$y = f(x_i) - \Delta y \pm u_y$$

4.2.1 Fehler des Messergebnisses durch systematische Fehler

Ist ein Ergebnis y durch die Einflussgrößen/Messwerte x_i bestimmt und sind diese Werte unrichtig durch Δx_i, so ergibt sich

$$x_i = \overline{x}_i + \Delta x_i$$

mit

x_i Einzelmesswert
$\overline{x}_i$ arithmetischer Mittelwert von x_i
Δx_i systematischer Fehler der Einzelmessung

Unter der Annahme kleiner Größen Δx_i berechnet sich der systematische Fehler des Messergebnisses Δy durch Reihenentwicklung (Taylorreihe) und Abbruch nach dem 1. Glied am Beispiel von zwei Einflussgrößen aus

$$y = f(\overline{x}_1 + \Delta x_1,\ \overline{x}_2 + \Delta x_2)$$

zu

$$y = f\,(\overline{x}_1, \overline{x}_2) + \Delta x_1 f\,(\overline{x}_1, \overline{x}_2) + \Delta x_2 f\,(\overline{x}_1, \overline{x}_2)$$

und mit $\overline{y} = f\,(\overline{x}_1, \overline{x}_2)$ wird der systematische Fehler zu

$$\Delta y = y - \overline{y} = \Delta x_1 f_{x1}\,(\overline{x}_1, \overline{x}_2) + \Delta x_2 f_{x2}\,(\overline{x}_1, \overline{x}_2)$$

und

$$\Delta y = \frac{\partial f}{\partial x_1} \cdot \Delta x_1 + \frac{\partial f}{\partial x_2} \cdot \Delta x_2$$

erhalten.

Für den allgemeinen Fall also (Taylor-Reihe)

$$f\,(x + h) = f\,(x) + \frac{f'(x)}{1!} \cdot h^1 + \frac{f''(x)}{2!} \cdot h^2 + \ldots + \frac{f^n(x)}{n!} \cdot h^n + R$$

mit R als Restglied und

$$\Delta y = \frac{\partial f}{\partial x_1} \cdot \Delta x_1 + \frac{\partial f}{\partial x_2} \cdot \Delta x_2 + \ldots + \frac{\partial f}{\partial x_i} \cdot \Delta x_i + \ldots + \frac{\partial f}{\partial x_k} \cdot \Delta x_k$$

bzw.

$$\Delta y = \sum_{i=1}^{k} \frac{\partial f}{\partial x_i} \cdot \Delta x_i$$

Beispiele

1. Die Messwerte addieren sich zum Messergebnis

$$y = x_1 + x_2$$

- *absoluter Fehler*

$$\Delta y = \frac{\partial f}{\partial x_1} \cdot \Delta x_1 + \frac{\partial f}{\partial x_2} \cdot \Delta x_2 \quad \text{da} \quad \frac{\partial f}{\partial x_1} = 1 \quad \text{und} \quad \frac{\partial f}{\partial x_2} = 1$$
$$\Delta y = \Delta x_1 + \Delta x_2$$

- *relativer Fehler*

$$\frac{\Delta y}{y} = \frac{\Delta x_1 + \Delta x_2}{y} = \frac{x_1}{x_1 + x_2} \cdot \frac{\Delta x_1}{x_1} + \frac{x_2}{x_1 + x_2} \cdot \frac{\Delta x_2}{x_2}$$

mit $\frac{\Delta x_1}{x_1}$ und $\frac{\Delta x_2}{x_2}$ relative Fehler der Messwerte.

2. Die Messwerte subtrahieren sich zum Messergebnis
   - *absoluter Fehler*

$$y = x_1 - x_2; \quad \Delta y = \Delta x_1 - \Delta x_2$$

- *relativer Fehler*

$$\frac{\Delta y}{y} = \frac{\Delta x_1 - \Delta x_2}{y} = \frac{x_1}{x_1 - x_2} \cdot \frac{\Delta x_1}{x_1} - \frac{x_2}{x_1 - x_2} \cdot \frac{\Delta x_2}{x_2}$$

3. Die Messwerte multiplizieren sich zum Messergebnis

$$y = x_1 \cdot x_2$$

- *absoluter Fehler*

$$\Delta y = \frac{\partial f}{\partial x_1} \cdot \Delta x_1 + \frac{\partial f}{\partial x_2} \cdot \Delta x_2; \quad \frac{\partial f}{\partial x_1} = x_2 \frac{\partial f}{\partial x_2} = x_1$$
$$\Delta y = x_2 \cdot \Delta x_1 + x_1 \cdot \Delta x_2$$

- *relativer Fehler*

$$\frac{\Delta y}{y} = \frac{x_2 \cdot \Delta x_1 + x_1 \cdot \Delta x_2}{x_1 \cdot x_2} = \frac{\Delta x_1}{x_1} + \frac{\Delta x_2}{x_2}$$

4. Die Messwerte dividieren sich zum Messergebnis

$$y = \frac{x_1}{x_2}$$

- *absoluter Fehler*

$$\Delta y = \frac{1}{x_2} \cdot \Delta x_1 - \frac{x_1}{x_2^2} \cdot \Delta x_2$$

- *relativer Fehler*

$$\frac{\Delta y}{y} = \frac{1}{y \cdot x_2} \cdot \Delta x_1 - \frac{x_1}{y \cdot x_2^2} \cdot \Delta x_2 = \frac{\Delta x_1}{x_1} - \frac{\Delta x_2}{x_2}$$

5. Der Messwert potenziert sich zum Messergebnis

$$y = x^n$$

- *absoluter Fehler*

$$\Delta y = n \cdot x^{n-1} \cdot \Delta x$$

- *relativer Fehler*

$$\frac{\Delta y}{y} = n \cdot \frac{\Delta x}{x}$$

6. Der Messwert radiziert sich zum Messergebnis

$$y = \sqrt[n]{x}$$

- *absoluter Fehler*

$$\Delta y = \frac{1}{n} \cdot x^{\frac{1}{n}-1} \cdot \Delta x$$

- *relativer Fehler*

$$\frac{\Delta y}{y} = \frac{1}{n} \cdot \frac{\Delta x}{x}$$

► Es ist zu beachten, dass die partiellen Ableitungen im allgemeinen Fall kompliziertere Funktionen sind!

Ist das Messergebnis y in einer Funktion $F(y)$ erhalten, also

$$F(y) = f(x_1, x_2 \ldots x_i \ldots x_k)$$

entsteht mit der äußeren Ableitung

$$F'(y) = \frac{\partial F}{\partial y}$$

und der inneren Ableitung

$$\sum_{i=1}^{k} \frac{\partial f}{\partial x_i} \cdot \Delta x_i = \Delta y$$

also

$$F'(y) \cdot \Delta y = \frac{\partial f}{\partial x_1} \cdot \Delta x_1 + \ldots + \frac{\partial f}{\partial x_i} \cdot \Delta x_i + \ldots + \frac{\partial f}{\partial x_k} \cdot \Delta x_k$$

und damit berechnet sich die Unrichtigkeit Δy zu

$$\Delta y = \frac{1}{F'(y)} \sum_{i=1}^{k} \frac{\partial f}{\partial x_i} \cdot \Delta x_i$$

4.2.2 Fehler des Messergebnisses durch zufällige Fehler

Aus der Unsicherheit der Messwerte der Einflussgrößen u_{xi} berechnet sich die Unsicherheit des Messergebnisses u_y zu

$$u_y = \sqrt{\left(\frac{\partial f}{\partial x_1} \cdot u_{x1}\right)^2 + \ldots + \left(\frac{\partial f}{\partial x_i} \cdot u_{xi}\right)^2 + \ldots + \left(\frac{\partial f}{\partial x_k} \cdot u_{xk}\right)^2}$$

bzw.

$$u_y = \sqrt{\sum_{i=1}^{k} \left(\frac{\partial f}{\partial x_i} \cdot u_{xi}\right)^2}$$

Wenn das Messergebnis y in einer Funktion $F(y)$ enthalten ist, so berechnet sich die Unsicherheit u_y zu

$$u_y = \frac{1}{F'(y)} \sqrt{\sum_{i=1}^{k} \left(\frac{\partial f}{\partial x_i} \cdot u_{xi}\right)^2}$$

Der maximale Wert von u_{xi} bestimmt sich aus den durch den Vertrauensbereich erfassten zufälligen Fehler $f_{\overline{x}}$ und dem abgeschätzten, nicht rechnerisch erfassten systematischen Fehler ϑ_{xi} zu

$$u_{xi} = |f_{\overline{x}}| + |\vartheta_{xi}|\,;\; f_{\overline{x}} = \pm \frac{t \cdot s}{\sqrt{n}}$$

Alternativ können die Unsicherheitsanteile nach der quadratischen Fehlerfortpflanzung zusammengefasst werden:

$$u_{xi} = \sqrt{|f_{\overline{x}}|^2 + |\vartheta_{xi}|^2}$$

Da der Fehleranteil im Falle $f_{\overline{x}}$ eine streuende Größe und ϑ_{xi} eine geschätzte Größe ist, wird ein eher wahrscheinlicher Wert für u_{xi} erhalten.

Beispiel

Bestimmung des zufälligen Fehlers bei der Berechnung der Zugfestigkeit R_m von Stahl aus der Unsicherheit der Messmittel.

Material: E295 (ST 50-2): $R_\mathrm{m} = 490\,\mathrm{N/mm^2}$ (lt. Norm).

Zufällige Fehler bei der Durchmesserbestimmung mittels Messschieber

$$u_{\varnothing} = u_\mathrm{r} = 0{,}5 \cdot \text{Skalenwert} = 0{,}05\,\mathrm{mm}; \quad \text{Durchmesser} = 10\,\mathrm{mm}$$

Maximale Kraft beim Reißen der Probe $F = 39{,}191\,\text{kN}$; Unsicherheit der Kraftmessung $u_F = 5\,\text{N}$

$$R_\text{m}(\text{Probe}) = f\,(F, r)\,; \quad R_\text{m}(\text{Probe}) = \frac{F}{\pi r^2}$$

$$u_{R_\text{m}} = \sqrt{\left(\frac{\partial f}{\partial F} \cdot u_F\right)^2 + \left(\frac{\partial f}{\partial r} \cdot u_\text{r}\right)^2}$$

$$u_R = \sqrt{\left(\frac{1}{\pi \cdot r^2} \cdot u_F\right)^2 + \left(-\frac{2F}{\pi r^3} \cdot u_\text{r}\right)^2}$$

$$u_{R_\text{m}} = +9{,}98\,\text{N/mm}^2$$

$$R_\text{m}(\text{Probe}) = 499{,}00\,\text{N/mm}^2 + 9{,}98\,\text{N/mm}^2$$

Wird an Stelle des Messschiebers eine Messschraube zur Durchmesserbestimmung verwendet, so berechnet sich der zufällige Fehler zu $u_{R_\text{m}} = 1{,}00\,\text{N/mm}^2$.

$$R_\text{m}(\text{Probe}) = 499{,}00\,\text{N/mm}^2 + 1{,}00\,\text{N/mm}^2$$

Damit ist auch gezeigt, dass mittels Fehlerrechnung eine optimale Auswahl der Messmittel erfolgen kann.

***Beispiel* zur optimalen Messmittelauswahl**
Die Fehler (Unsicherheit) bei einer Messaufgabe sollen durch die Fehleranteile aus den Messgrößen A, B, C bestimmt sein, also

$$u_y = f(u_\text{A}, u_\text{B}, u_\text{C})$$

An Hand der Größen der einzelnen Fehlerbeiträge (Ableitung der funktionellen Abhängigkeit multipliziert mit der Unsicherheit), z. B. $u_\text{B} \gg u_\text{A} > u_\text{C}$ ist der messtechnische Handlungsbedarf bei B abzulesen, wenn die Unsicherheit des Ergebnisfehlers erheblich verringert werden soll.

4.2.3 Fehlergrenzen

Fehlergrenzen sind Grenzwerte, die nicht überschritten werden. Unterschieden werden kann in Eichfehlergrenzen und Garantiefehlergrenzen.

4.2.3.1 Fehlerkennlinie, Fehlergrenzen [1, 2]

Der Zusammenhang von Eingangsgröße x_E und Ausgangsgröße x_A einer Messeinrichtung wird als Kennlinie bezeichnet, siehe Abb. 4.1.

In Abb. 4.1 ist als Beispiel eingezeichnet der Linearitätsfehler F_1 bei x_{E_1} und F_2 bei x_{E_2}. Aus der Kennlinie lässt sich die Fehlerkennlinie ableiten. Es ist die Darstellung des

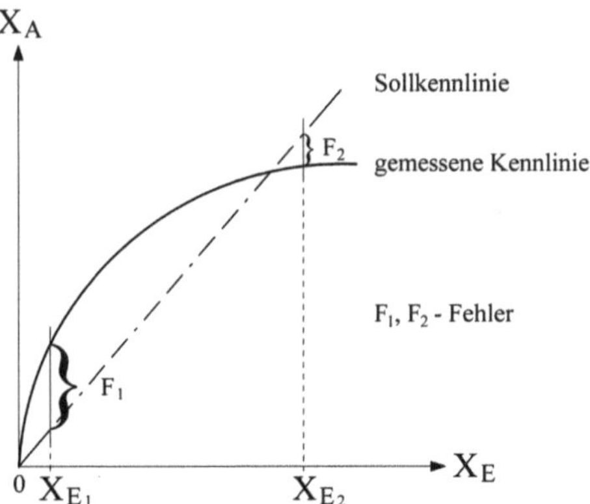

Abb. 4.1 Kennlinie einer Messeinrichtung

Fehlers F_i in Abhängigkeit von der Ausgangsgröße x_A der Messeinrichtung (tabellarisch dargestellt oder als Diagramm).

Neben dem absoluten Fehler wird auch der relative Fehler verwendet. Dabei wird der Fehler F_i auf die Eingangs- oder Ausgangsgröße bezogen, deshalb muss die Bezugsgröße immer angegeben werden.

Die Fehlerkurve wird auch als Linearitätsfehler bezeichnet, sie wird mit unterschiedlichen Methoden bestimmt (s. Abb. 4.2). Es sind dies:

- Festpunktmethode
  Dabei werden Messbereichsanfang und Messbereichsende so justiert, dass sie sich mit dem richtigen Wert decken. Die Gerade durch Anfangs- und Endpunkt ist die Sollkennlinie, der Linearitätsfehler die Abweichung zur gemessenen Kennlinie.
- Methode mit dem Minimum der quadratischen Abweichung
  Die gemessene Kennlinie wird durch den Nullpunkt zur Sollkennlinie so gelegt, dass die Summe der quadratischen Abweichungen ein Minimum ist (Gauß'sche Fehlerquadrat-Minimierung).

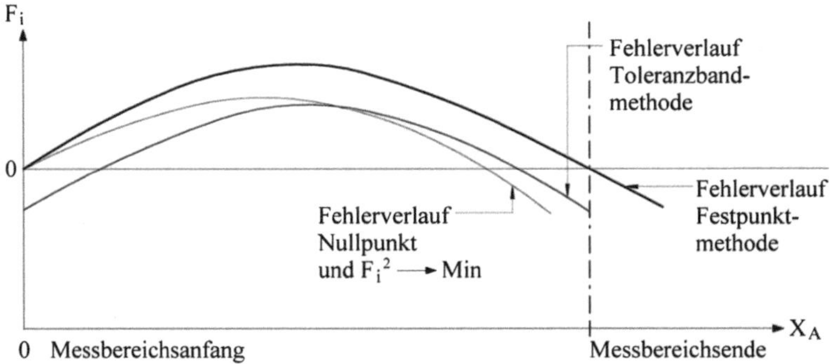

Abb. 4.2 Fehlerkurve bei unterschiedlichen Methoden der Anpassung

- Toleranzbandmethode
  Die gemessene Kennlinie wird zur Sollkennlinie so gelegt, dass die Summe der Abweichungsquadrate ein Minimum ist, $\sum(F_i)^2 \rightarrow \text{Min}$.
  Die Toleranzbandmethode ergibt den kleinsten Fehler, allerdings sollte im unteren Bereich (ca. 20 % des Messbereiches) nicht gemessen werden, weil die gemessene Kennlinie nicht durch den Nullpunkt der Sollkennlinie geht.

Bei geeichten Geräten werden Fehlergrenzen als Eichfehlergrenzen bezeichnet. Eichfehlergrenzen sind die von der Eichbehörde vorgeschriebenen Grenzwerte der Fehler, die nicht überschritten werden dürfen. Die Garantiefehlergrenzen eines Messgerätes sind die vom Hersteller des Gerätes garantierten Fehlergrenzen (die nicht überschritten werden). Messgeräte mit mehreren Messbereichen können unterschiedliche Fehlergrenzen haben. Geeichte Messgeräte erhalten oft Klassenbezeichnungen (Genauigkeitsklassen).

Beispiele

- Genauigkeitsklassen bei elektrischen Messgeräten (VDE 0410)
  Fehlerklassen in [%]: 0,1; 0,2; 0,5; 1; 1,5; 2,5; 5
- Längenmesstechnik-Endmaße
  Genauigkeitsgrade (ISO/TC 3/SC 3) 1 bis 4
- Garantiefehlergrenzen von Messgeräten
  z. B. 1,5 % vom Messbereich bei analogen Geräten bzw. bei digitalen Geräten 0,1 % vom Messwert +2 Digit, ±1 Digit. Bei digitalen Geräten setzt sich also der Fehler aus einem vom Anzeigewert abhängigen Fehler und einem konstanten Digitalisierungsfehler zusammen.
- Ablesefehler: Fehler = 0,5 · Skaleneinheit (auch Skalenteilungswert).

Beispiel: Bei einer Genauigkeitsklasse von 1,5 % im Messbereich 30 V ergibt sich aus 1,5 % von 30 V = 0,45 V.

4.2.3.2 Ergebnisfehlergrenzen

Fehlergrenzen in der praktischen Messtechnik sind die vereinbarten oder garantierten, zugelassenen äußersten Abweichungen nach oben oder nach unten von der Sollanzeige bzw. vom Nennwert. Fehlergrenzen können einseitig oder zweiseitig sein.

Maximale Ergebnisfehlergrenzen

Wenn nicht die Fehler Δx_i der Messwerte, sondern die Fehlergrenzen G_i bekannt sind, so berechnet sich die maximale Fehlergrenze des Ergebnisses durch Addition der Beträge der Einzelfehlergrenzen.

Addition der Beträge, weil innerhalb der Fehlergrenzen die Fehler der Messwerte sowohl positiv als auch negativ sein können. Die maximalen Ergebnisfehlergrenzen sind die maximalen (sicheren) Grenzen des Ergebnisfehlers.

Die absolute maximale Fehlergrenze $G_{y\mathrm{m}}$ des Ergebnisses $y = f(x_i)$ mit G_i berechnet sich zu

$$G_{y\mathrm{m}} = \pm\left(\left|\frac{\partial y}{\partial x_1}\cdot G_1\right| + \left|\frac{\partial y}{\partial x_2}\cdot G_2\right| + \ldots + \left|\frac{\partial y}{\partial x_i}\cdot G_i\right| + \ldots + \left|\frac{\partial y}{\partial x_k}\cdot G_k\right|\right)$$

und die relative maximale Fehlergrenze des Ergebnisses $\frac{G_{y\mathrm{m}}}{y}$

$$\frac{G_{y\mathrm{m}}}{y} = \pm\left(\left|\frac{\partial y}{\partial x_1}\cdot\frac{G_1}{y}\right| + \left|\frac{\partial y}{\partial x_2}\cdot\frac{G_2}{y}\right| + \ldots + \left|\frac{\partial y}{\partial x_i}\cdot\frac{G_i}{y}\right| + \ldots + \left|\frac{\partial y}{\partial x_k}\cdot\frac{G_k}{y}\right|\right)$$

und

$$\frac{G_{y\mathrm{m}}}{y} = \pm\left(\left|\frac{\partial y}{\partial x_1}\cdot\frac{x_1}{y}\cdot\frac{G_1}{x_1}\right| + \left|\frac{\partial y}{\partial x_2}\cdot\frac{x_2}{y}\cdot\frac{G_2}{x_2}\right| + \ldots\right.$$
$$\left. + \left|\frac{\partial y}{\partial x_i}\cdot\frac{x_i}{y}\frac{G_i}{x_i}\right| + \ldots + \left|\frac{\partial y}{\partial x_k}\cdot\frac{x_k}{y}\cdot\frac{G_k}{x_k}\right|\right)$$

mit $\frac{G_i}{x_i}$: relative Fehlergrenzen der Messgrößen.

Beispiele

- $y = x_1 + x_2$ und $y = x_1 - x_2$

$$G_{y\mathrm{m}} = \pm\left(|G_1| + |G_2|\right)$$

- $y = x_1 \cdot x_2$ und $y = \frac{x_1}{x_2}$

$$\frac{G_{y\mathrm{m}}}{y} = \pm\left(\left|\frac{G_1}{x_1}\right| + \left|\frac{G_2}{x_2}\right|\right)$$

Im vorgenannten Beispiel addieren sich bei Addition oder Subtraktion der Messwerte die absoluten Fehlergrenzen. Bei Multiplikation und Division addieren sich die relativen Fehlergrenzen.

Statistische Ergebnisfehlergrenzen

Da es unwahrscheinlich ist, dass die Fehler Δx_i sämtlicher Messwerte nur an den positiven oder negativen Fehlergrenzen liegen, ist es ebenso unwahrscheinlich, dass diese sicheren Ergebnisfehlergrenzen in Anspruch genommen werden. Deshalb wird die statistische (wahrscheinliche) Ergebnisfehlergrenze durch quadratische Addition der Einzelfehlergrenzen bestimmt.

Damit berechnet sich die absolute statistische Ergebnisfehlergrenze G_{ys} zu

$$G_{ys} = \pm\sqrt{\left(\frac{\partial y}{\partial x_1}\cdot G_1\right)^2 + \left(\frac{\partial y}{\partial x_2}\cdot G_2\right)^2 + \ldots + \left(\frac{\partial y}{\partial x_i}\cdot G_i\right)^2 + \ldots + \left(\frac{\partial y}{\partial x_k}\cdot G_k\right)^2}$$

und die relative statistische Ergebnisfehlergrenze $\frac{G_{ys}}{y}$

$$\frac{G_{ys}}{y} = \pm\sqrt{\left(\frac{\partial y}{\partial x_1}\cdot \frac{G_1}{y}\right)^2 + \left(\frac{\partial y}{\partial x_2}\cdot \frac{G_2}{y}\right)^2 + \ldots + \left(\frac{\partial y}{\partial x_i}\cdot \frac{G_i}{y}\right)^2 + \ldots + \left(\frac{\partial y}{\partial x_k}\cdot \frac{G_k}{y}\right)^2}$$

bzw.

$$\frac{G_{ys}}{y} = \pm\sqrt{\left(\frac{\partial y}{\partial x_1}\cdot \frac{x_1}{y}\cdot \frac{G_1}{x_1}\right)^2 + \ldots + \left(\frac{\partial y}{\partial x_i}\cdot \frac{x_i}{y}\cdot \frac{G_i}{x_i}\right)^2 + \ldots + \left(\frac{\partial y}{\partial x_k}\cdot \frac{x_k}{y}\cdot \frac{G_k}{x_k}\right)^2}$$

Beispiele

- $y = x_1 + x_2$ bzw. $y = x_1 - x_2$

$$G_{ys} = \pm\sqrt{G_1^2 + G_2^2}$$

- $y = x_1 \cdot x_2$ bzw. $y = \frac{x_1}{x_2}$

$$\frac{G_{ys}}{y} = \pm\sqrt{\left(\frac{G_1}{x_1}\right)^2 + \left(\frac{G_2}{x_2}\right)^2}$$

Die statistischen Ergebnisfehlergrenzen bei vorgenannten Beispielen berechnen sich bei Addition und Subtraktion der Messwerte/Messgrößen durch die Wurzel aus den quadrierten Fehlergrenzen. Bei Multiplikation und Division der Messwerte werden die relativen Fehlergrenzen durch die Wurzel der Quadrate der relativen Fehlergrenzen bestimmt.

Beispiel
Von vier parallelen Widerständen sind die absolute maximale und die absolute statistische Fehlergrenze des Gesamtleitwertes zu berechnen.

$$R_1 = R_2 = 120\,\Omega$$
$$R_3 = R_4 = 150\,\Omega$$

Der Farbcode für die Widerstandstoleranz trägt für alle Widerstände einen goldenen Ring ($\pm 5\%$).

Absolute maximale Fehlergrenze des Gesamtleitwertes G_{Rm}

$$\frac{1}{R_G} = \frac{1}{R_1} + \frac{1}{R_2} + \frac{1}{R_3} + \frac{1}{R_4}; \frac{1}{R_G} = \frac{2}{R_1} + \frac{2}{R_3}$$

$$G = \frac{1}{R_G} = \frac{2 \cdot R_3 + 2 \cdot R_1}{R_1 \cdot R_3}; G_{Rm} = \pm\left(\left|\frac{\partial G}{\partial R_1} \cdot G_1\right| + \left|\frac{\partial G}{\partial R_3} \cdot G_3\right|\right)$$

$$G_{Rm} = \pm\left(\left|-\frac{2}{R_1^2} \cdot G_1\right| + \left|-\frac{2}{R_3^2} \cdot G_3\right|\right) = \pm 0{,}0015\,\Omega^{-1}$$

Absolute statistische Ergebnisfehlergrenze des Gesamtleitwertes

$$G_{Rs} = \pm\sqrt{\left(\frac{\partial G}{\partial R_1} \cdot G_1\right)^2 + \left(\frac{\partial G}{\partial R_3} \cdot G_3\right)^2}$$

$$G_{Rs} = \pm 0{,}00107\,\Omega^{-1}$$

4.2.3.3 Fehler und Fehlergrenzen von Messketten

In einer Messkette wird jeder einzelne Messwert in mehreren hintereinander geschalteten Messgliedern umgeformt. Dabei ist das Ausgangssignal des ersten Messgliedes das Eingangssignal für das zweite Messglied usw. Wird das Verhältnis vom Ausgangssignal eines Messgliedes zum Eingangssignal als Übertragungsfaktor K bezeichnet, so gilt mit:

y Ausgangswert der Messkette und
x Eingangssignal der Messkette

$$y = x \cdot f\,(K_1, K_2, \ldots, K_i)$$

und für eine Messkette mit linearen (!) Gliedern

$$y = x \cdot K_1 \cdot K_2 \cdot \ldots \cdot K_i$$

Bei nichtlinearen Beziehungen zwischen Eingangs- und Ausgangssignal des Messgliedes ist die jeweilige Ableitung zu verwenden, siehe Abb. 4.3.

Der relative Fehler einer Messkette bestimmt sich dann zu

$$\frac{\Delta y}{y} = \frac{\Delta K_1}{K_1} + \frac{\Delta K_2}{K_2} + \ldots + \frac{\Delta K_i}{K_i}$$

und die relative maximale Fehlergrenze mit den relativen Fehlergrenzen der Messglieder mit $\frac{G_{K_i}}{K_i}$ ergibt

$$\frac{G_{ym}}{y} = \pm\left(\left|\frac{G_{K_1}}{K_1}\right| + \left|\frac{G_{K_2}}{K_2}\right| + \ldots + \left|\frac{G_{K_i}}{K_i}\right|\right)$$

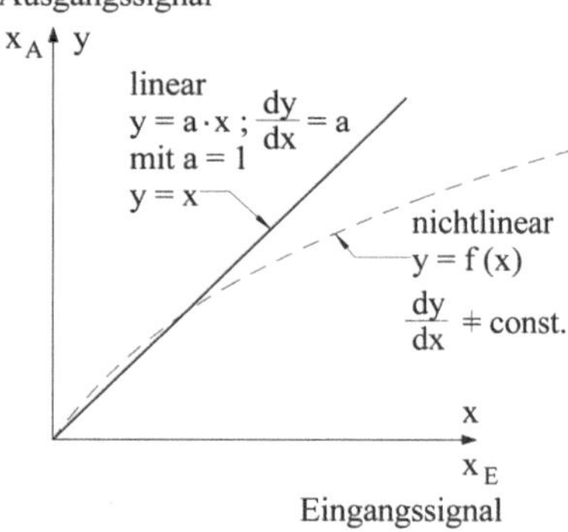

Abb. 4.3 Lineare und nichtlineare Beziehung zwischen Eingangs- und Ausgangssignal

Die relative statistische Fehlergrenze schließlich berechnet sich zu

$$\frac{G_{ys}}{y} = \pm\sqrt{\left(\frac{G_{K_1}}{K_1}\right)^2 + \left(\frac{G_{K_2}}{K_2}\right)^2 + \ldots + \left(\frac{G_{K_i}}{K_i}\right)^2}$$

Beispiel: **Thermoelektrische Temperaturmessung**
Eingangssignal: x = Temperatur

Thermoelement	Übertragungsfaktor des Thermoelements	$K_1 = \frac{\text{Spannung}}{\text{Temperatur}}$
Messumformer (Messverstärker)	Übertragungsfaktor	$K_2 = \frac{\text{Strom}}{\text{Spannung}}$
Drehspulgerät (Anzeigegerät)	Übertragungsfaktor des Anzeigegerätes	$K_3 = \frac{\text{Ausschlagwinkel}}{\text{Strom}}$

Ausgangssignal: y = Ausschlagwinkel
Messkette:

$$y = x \cdot K_1 \cdot K_2 \cdot K_3$$

$$y = \text{Temperatur} \cdot \frac{\text{Spannung}}{\text{Temperatur}} \cdot \frac{\text{Strom}}{\text{Spannung}} \cdot \frac{\text{Ausschlagwinkel}}{\text{Strom}}$$

Literatur

1. VDI/VDE 2620: Unsichere Messungen und ihre Wirkung auf das Messergebbnis (Dokument zurückgezogen)
2. DIN 1319: Grundlagen der Messtechnik (1995–2005)

Statistische Tests

5

In einem sehr breiten Bereich der Anwendung ermöglichen statistische Tests Vergleiche. Das Ergebnis sind quantitative Aussagen mit einer vorgegebenen statistischen Sicherheit. Im technischen Bereich sind Beispiele für statistische Tests: Vergleiche von Werkstofflieferungen in der Eingangskontrolle, Maschinenvergleiche in ihrem Fertigungsniveau, Alterungsuntersuchungen und dynamische Schädigung.

Die hier behandelten statistischen Tests sind die parametergebundenen Tests. Dazu zählen der t-Test, der F-Test und der Chi-Quadrat-Test. Diese Tests verwenden unterschiedliche Parameter der Verteilung einer Größe oder eines Merkmals. Dadurch ist auch die Aussagequalität unterschiedlich. Der t-Test verwendet den arithmetischen Mittelwert und die Streuung, der F-Test die Streuung und der Chi-Quadrat-Test die Häufigkeit eines Merkmals.

5.1 Parametergebundene statistische Tests

Die parametergebundenen oder auch parametrischen Tests beziehen sich auf die charakterisierenden Parameter der t-Verteilung und der Normalverteilung, den Mittelwert, die Streuung und die Häufigkeit. Im Gegensatz dazu verwenden die nicht-parametrischen oder auch verteilungsfreien Tests andere Parameter [1].

Die Teststatistik hängt bei den verteilungsfreien Tests nicht von der Verteilung der Stichprobenvariablen ab, also zum Beispiel nicht von der Normalverteilung (Gauß-Verteilung). Als Größen werden beispielsweise verwendet: Median, Quantile, Quartile, Rangkorrelationskoeffizient.

Die verteilungsfreien Tests sind schwächer als die parametrischen Tests. Die nachfolgenden Ausführungen beziehen sich ausschließlich auf die parametergebundenen Tests.

Normalverteilung/t-Verteilung ist in der Regel bei technischen und naturwissenschaftlichen Ergebnissen, Messungen oder Beobachtungen gewährleistet oder näherungsweise

H. Schiefer, F. Schiefer, *Statistik für Ingenieure*, https://doi.org/10.1007/978-3-658-20640-6_5

erfüllt. Die Werteverteilung sollte trotzdem dargestellt werden, um zu erkennen, wenn andere Verteilungen vorliegen (zum Beispiel schiefe Verteilung – siehe auch Abschn. 2.2.4).

Bei schiefer Verteilung sind die Daten zu transformieren. Beispielsweise bei rechtsschiefer Verteilung (Maximum liegt rechts der Mitte der Häufigkeitsverteilung) durch eine kubische Transformation und bei linksschiefer Verteilung durch eine Wurzelfunktion. Dadurch liegt die relative Summenhäufigkeit auf einer Geraden (Normalverteilung). Nach der Auswertung mit den transformierten Daten wird rücktransformiert; siehe Tab. 5.1.

Der statistische Test erfolgt auf der Grundlage einer Stichprobe aus der Grundgesamtheit. Dazu ist die Stichprobe zufällig zu entnehmen. Methode dazu ist beispielsweise die Zuordnung durch Zufallszahlen.

Die Normalverteilung, auch als Gauß-Verteilung bezeichnet, hat die Form einer Glockenkurve. Die Funktion (Dichtefunktion) hat bei μ das Maximum und geht erst bei $\pm\infty$ gegen Null (e-Funktion).

$$f\ (x, \mu, \sigma) = \frac{1}{\sigma\sqrt{2\pi}} \cdot \mathrm{e}^{-\frac{1}{2}\left(\frac{x-\mu}{\sigma}\right)^2}$$

mit

σ Standardabweichung (σ^2-Varianz)
μ Erwartungswert.

Für $\mu = 0$ und $\sigma^2 = 1$ wird die Standardnormalverteilung erhalten. Die Dichtefunktion der Standardnormalverteilung $\varphi(x)$ ist

$$\varphi\ (x) = \frac{1}{\sqrt{2\pi}} \cdot \mathrm{e}^{-\frac{1}{2}x^2}$$

Die Verteilungsfunktion der Standardnormalverteilung $\Phi(x)$ ist das Gauß'sche Fehlerintegral. Siehe dazu Abb. 5.1.

Tab. 5.1 Beispiele für Transformationen

Anwendung	Transformation	Rücktransformation
Rechtsschiefe Verteilung	$y^x = y^3$ $y^x = y^2$	$y = (y^x)\frac{1}{3}$ $y = (y^x)\frac{1}{2}$
Keine Transformation bei $y^x = y^1$		
Linksschiefe Verteilung	$y^x = \ln y$ $y^x = \frac{1}{y^{0,5}}$ $y^x = y^{-1}$ $y^x = \frac{1}{y^2}$	$y = \mathrm{e}^{yx}$ $y = (y^x)^{-2}$ $y = (y^x)^{-1}$ $y = (y^x)^{-\frac{1}{2}}$

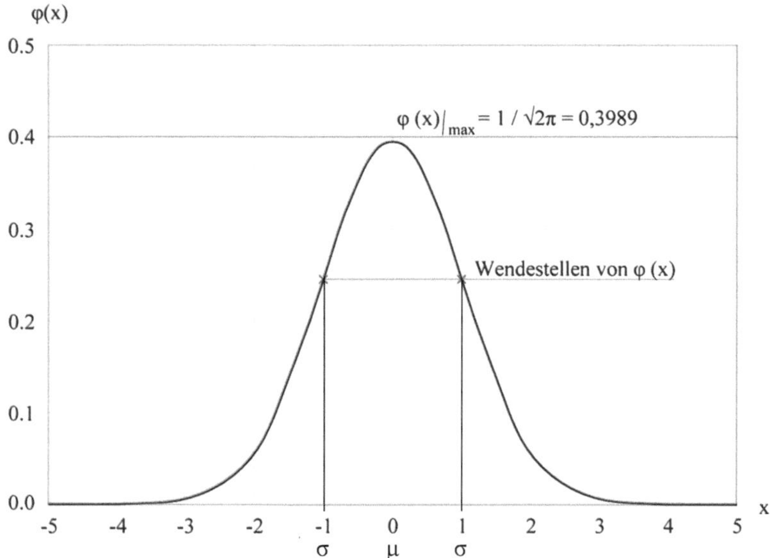

Abb. 5.1 Verteilungsfunktion der Standardnormalverteilung

In den Grenzen von $-\infty$ bis x wird

$$\Phi\,(x) = \frac{1}{\sqrt{2\pi}} \int\limits_{-\infty}^{x} \mathrm{e}^{-\frac{1}{2}t^2} \mathrm{d}t$$

Das Integral von $-\infty$ bis $+\infty$ ergibt mit dem Vorfaktor $\frac{1}{\sqrt{2\pi}}$ genau den Wert „eins". Die Funktion $\varphi(\mathrm{x})$ hat bei $x = 0$ den maximalen Wert $\frac{1}{\sqrt{2\pi}} = 0{,}3989$ und die Wendestellen der Funktionen liegen bei $x = 1$ und $x = -1$ (zweite Ableitung gleich Null).

Einige Werte zur Standardnormalverteilung:

- im Bereich $\mu \pm \sigma$ liegen (0,6827) 68,27 % aller Werte, d. h. ca. 32 % liegen außerhalb.
- im Bereich $\mu \pm 2 \cdot \sigma$ liegen 95,45 % aller Werte
- im Bereich $\mu \pm 3 \cdot \sigma$ liegen 99,73 % aller Werte
- im Bereich $\mu \pm 4 \cdot \sigma$ liegen 99,994 % aller Werte
- im Bereich $\mu \pm 5 \cdot \sigma$ liegen 99,9999 % aller Werte
- im Bereich $\mu \pm 6 \cdot \sigma$ liegen 99,999999 % aller Werte

Siehe dazu auch Kap. 3. Statistische Messdaten und Fertigung. Tabellen zur Standardnormalverteilung sind im Anhang A1.1 und A1.2 unter Abschn. A.1 aufgeführt.

5.2 Hypothesen zum statistischen Test

Einen statistischen Test durchführen heißt Hypothesen aufstellen, die mit einer gewählten statistischen Sicherheit beantwortet werden. Statistische Tests dienen der Überprüfung von Annahmen über die Grundgesamtheit durch die Ergebnisse (Parameter) der Stichprobe.

Zum Test gehören zwei Hypothesen, die Nullhypothese H_0 und die Alternativhypothese H_1. Die Alternativhypothese steht der Nullhypothese entgegen.

Nur eine der beiden Hypothesen (H_0 oder H_1) ist gültig. Geprüft wird stets die Nullhypothese. Der schwerwiegendere Fehler wird als Fehler erster Art gewählt. Der Fehler erster Art, der α-Fehler ist die Entscheidung für H_1, obwohl H_0 zutrifft. Die Wahrscheinlichkeit für einen Fehler erster Art ist kleiner als das Signifikanzniveau (die Irrtumswahrscheinlichkeit) α. Der β-Fehler (Fehler zweiter Art) ist die Entscheidung für H_0, obwohl H_1 zutrifft. Die Entscheidungsmöglichkeiten zeigt Tab. 5.2.

Mit der Festlegung des Signifikanzniveaus α ist auch die Wahrscheinlichkeit eines Fehlers zweiter Art (β-Fehler) bestimmt. Eine Verkleinerung von α bedingt die Vergrößerung von β. Der α-Fehler sollte möglichst klein gehalten werden, damit die richtige Hypothese nicht abgelehnt wird.

Ist der Abstand zwischen den Parameterwert der Stichprobe (zum Beispiel $\overline{x}$) und dem wahren Wert der Grundgesamtheit groß, so entsteht ein kleiner β-Wert (Fehler zweiter Art). Wird allerdings der Abstand zwischen den Parameterwerten immer kleiner, so vergrößert sich der β-Wert; siehe Abb. 5.2. Gleichzeitig lassen sich also beide Fehlerwahrscheinlichkeiten nicht verringern.

Da sich mit dem Stichprobenumfang die Streuung verringert, bedeutet dies, dass sich mit der Vergrößerung der Stichprobe eher ein signifikantes Ergebnis einstellt. Der Test wird mit zunehmendem Stichprobenumfang empfindlicher. Beim Test von Null- und Alternativhypothese ist noch zu unterscheiden zwischen zweiseitigem und einseitigem Test; siehe dazu auch Abb. 5.3. Beim zweiseitigen Test ist die Nullhypothese eine Punkthypo-

Tab. 5.2 Fehler bei den Entscheidungsmöglichkeiten Null- und Alternativhypothese

	Nullhypothese H_0 trifft zu Zustand der Grundgesamtheit $\mathrel{\hat{=}} H_0$	Alternativhypothese H_1 trifft zu Zustand der Grundgesamtheit $\mathrel{\hat{=}} H_1$
Entscheidung für H_0	Richtige Entscheidung $(1-\alpha)$-Fehler	Falsche Entscheidung β-Fehler (Fehler zweiter Art) Signifikanzniveau β
Entscheidung für H_1; H_0 wird abgelehnt	Falsche Entscheidung α-Fehler (Fehler erster Art) Signifikanzniveau α	Richtige Entscheidung $(1-\beta)$-Fehler

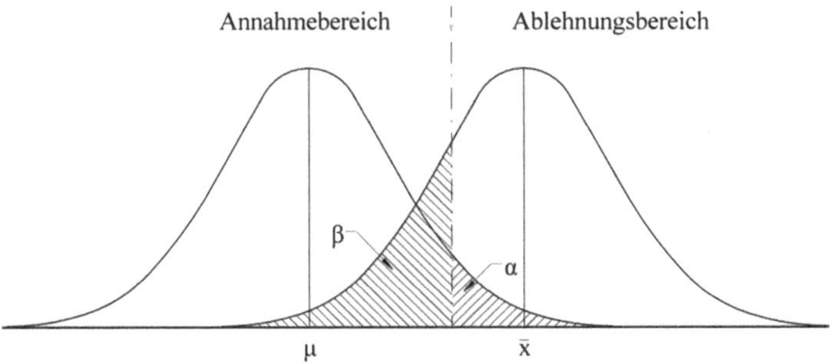

Abb. 5.2 Hypothese der Stichprobe; α- und β-Fehler

these, d. h. sie bezieht sich auf einen zulässigen Wert, zum Beispiel beim t-Test auf den Mittelwert der Grundgesamtheit μ.

Die Nullhypothese ist dann H_0: $\overline{x} = \mu$
die Alternativhypothese H_1: $\overline{x} \neq \mu$

Der einseitige Test, also die Betrachtung der Verteilungsfunktion von rechter Seite (rechtsseitiger Test) oder von linker Seite (linksseitiger Test) hat folgende Hypothesen im vorgenannten Beispiel:

	Nullhypothese	Alternativhypothese
Rechtsseitiger Test	$H_0: \overline{x} \leq \mu$	$H_1: \overline{x} > \mu$
Linksseitiger Test	$H_0: \overline{x} \geq \mu$	$H_1: \overline{x} < \mu$

Ob ein zweiseitiger oder einseitiger Test durchgeführt wird, ist von der jeweiligen Problemstellung abhängig.

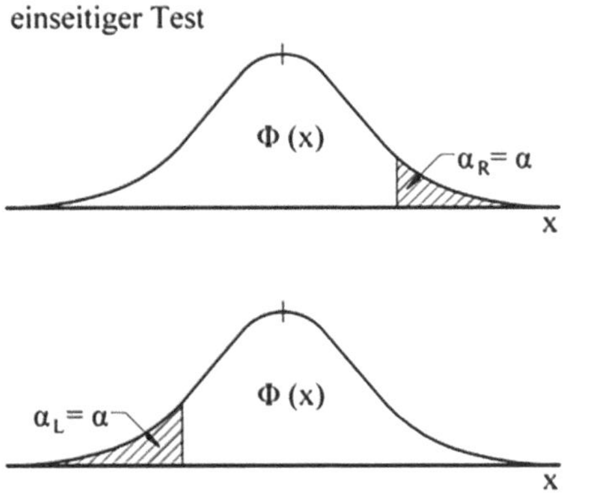

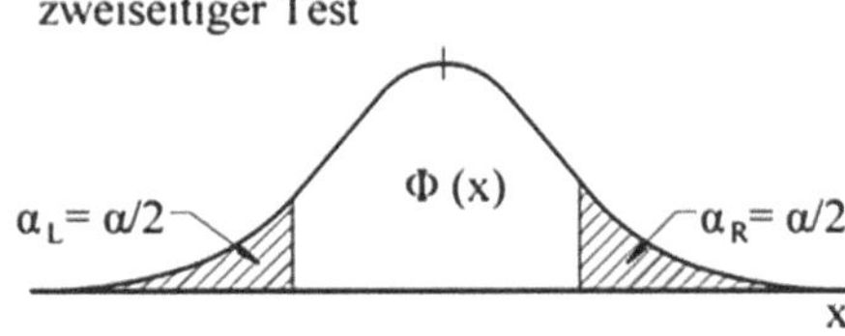

Abb. 5.3 Einseitiger und zweiseitiger Test

Einseitige Tests werden eher signifikant als zweiseitige Tests. Der einseitige Test deckt die Unrichtigkeit der zu prüfenden Hypothese häufiger auf.

Die Entscheidungen bei einem statistischen Test erfolgen anhand der Stichprobe mit einer bestimmten Wahrscheinlichkeit. D. h. auch, wenn eine Hypothese angenommen wird, dass sie mit der vorgegebenen Wahrscheinlichkeit anderen Hypothesen vorzuziehen ist.

Der α-Fehler, der Fehler erster Art wird als Irrtumswahrscheinlichkeit, statistische Unsicherheit, Risikomaß oder Sicherheitsschwelle bezeichnet. Die Irrtumswahrscheinlichkeit α und die statistischen Sicherheit S ergeben in der Summe „eins".

Es gilt

$$S + \alpha = 1 \quad \text{bzw.} \quad S + \alpha \mathrel{\hat{=}} 100\,\%$$

Bei der Normalverteilung entspricht $S + \alpha$ der Fläche unter der Kurve der Gauß-Verteilung. Die α-Werte sind klein gegen Eins. Allgemein werden zum Beispiel folgende Werte vereinbart: 0,05; 0,01; 0,001. Für die β-Werte wird zum Beispiel 0,1 vorgegeben.

Allgemeine Vorgehensweise bei statistischen Tests:

1. Problemformulierung; was ist der schwerwiegende Fehler
2. Festlegung von Nullhypothese und Alternativhypothese
3. einseitiger oder zweiseitiger Test
4. Festlegung des α- und des β-Fehlers
5. Berechnung der Testgröße aus der Stichprobe
6. Vergleich der Testgröße mit dem Tabellenwert, Annahme oder Ablehnung der Nullhypothese
7. Testentscheidung und Aussage zum Problem.

Beim einseitigen Test wird mit dem Signifikanzniveau (Irrtumswahrscheinlichkeit) aus der Tabelle der Testfunktion (für die parametergebundenen Tests t-, F- und χ^2-Funktion) der Tabellenwert z_{r} abgelesen. Andererseits wird mit der Prüffunktion der Prüfwert z_{p} bestimmt. Beim t-Test also der Wert $t_{\mathrm{p}} = \frac{\overline{x}-\mu}{\sqrt{s^2}}\sqrt{n}$.

Ist der Wert $z_{\mathrm{p}} \leq z_{\mathrm{r}}$, gehört die Stichprobe zur Grundgesamtheit ($\overline{x} = \mu$), bei $z_{\mathrm{p}} > z_{\mathrm{r}}$ gilt ($\overline{x} \neq \mu$) (Alternativhypothese).

Da beim zweiseitigen Test das Signifikanzniveau auf beiden Seiten der Verteilung liegt, wird sinnvollerweise $\alpha_l = \alpha_{\mathrm{r}} = \alpha/_2$ gewählt.

Bei den beiden einseitigen Tests mit der Irrtumswahrscheinlichkeit α, dem linksseitigen und den rechtsseitigen Test gilt:

- ist $z_{\mathrm{p}} \leq z_{\mathrm{r}}$, gehört die Stichprobe zur Grundgesamtheit; alternativ bei $z_{\mathrm{p}} > z_{\mathrm{r}}$ im Beispiel ($\overline{x} > \mu$)
- ist $z_{\mathrm{p}} \geq z_{\mathrm{r}}$ so gehört die Stichprobe auch zur Grundgesamtheit, alternativ bei $z_{\mathrm{p}} < z_{\mathrm{l}}$ im Beispiel ($\overline{x} < \mu$).

5.3 t-Test

Der t-Test oder Student'scher Test nach W. S. Gosset (Student ist das Pseudonym von W. S. Gosset) ist ein statistisches Verfahren um Hypothesen zu überprüfen (Signifikanztest). Der t-Test verwendet den Mittelwert und die Streuung. Geprüft wird, ob die Mittelwerte zweier Stichproben bzw. ob der Mittelwert einer Stichprobe und ein Normwert/Referenzwert (Grundgesamtheit) sich signifikant unterscheiden oder ob sich der Unterschied zufällig ergeben hat.

Der t-Test prüft, ob die statistische Hypothese zutrifft.

Um einen t-Test anzuwenden, sind folgende Voraussetzungen zu erfüllen:

- die Entnahme der Stichprobe erfolgt zufällig
- die Stichproben sind voneinander unabhängig
- die zu untersuchenden Größe, das Merkmal ist intervallskaliert (gleich unterteilte Einheit entlang einer Skala; parametrische Statistik)
- das Merkmal ist normalverteilt
- die Varianzen der zu vergleichenden Merkmale sind gleich (Varianzhomogenität).

Anmerkungen: Liegt Varianzheterogenität vor, sind die Freiheitsgrade der Testverteilung anzupassen. Dazu ist es erforderlich zu prüfen, ob die Varianzen der Stichprobe tatsächlich unterschiedlich sind. Der Test dazu ist der Levene-Test bzw. die Modifikation dieses Tests nach Brown-Forsythe, eine Erweiterung des F-Tests; es wird auf die Literatur verwiesen.

Zu den verwendeten Größen in den Beziehungen siehe auch Kap. 2.

Der t-Test verwendet die statistischen Kennwerte arithmetischer Mittelwert und Streuung:

- Differenz der Mittelwerte (Stichprobenkennwert)

$$\overline{x}_1 - \overline{x}_2$$

- Standardfehler der Mittelwertdifferenzen

$$\frac{s}{\sqrt{n}} = \frac{1}{\sqrt{n}} \cdot \sqrt{\frac{\sum_{i=1}^{n}(x_i - \overline{x})^2}{n-1}}$$

Die Standardabweichung der Stichprobe und der Grundgesamtheit unterscheiden sich. Bei kleinem Stichprobenumfang ist der Korrektureinfluss stärker.

Standardabweichung der Grundgesamtheit

$$\sigma = \sqrt{\frac{\sum_{i=1}^{n}(x_i - \overline{x})^2}{N}}$$

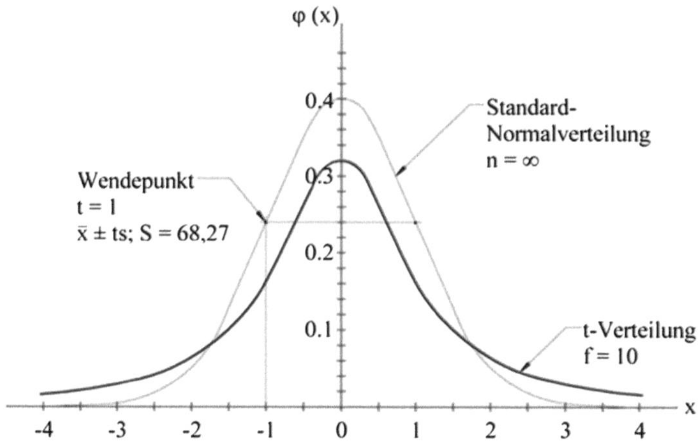

Abb. 5.4 Standardnormalverteilung und t-Verteilung

Standardabweichung der Stichprobe

$$s = \sqrt{\frac{\sum_{i=1}^{n}(x_i - \overline{x})^2}{n-1}}$$

Für große Stichproben mit $n > 30$ konvertiert die t-Verteilung gegen die Standardnormalverteilung. Damit wird der t-Test zum Gauß-Test oder z-Test. Der Gauß-Test verwendet die Standardnormalverteilung (Grundgesamtheit). Er ist damit für kleine Stichproben, die eine unbekannte Streuung aufweisen nicht geeignet. Siehe dazu Abb. 5.4.

Die Streuung der t-Verteilung ist größer Eins. Mit $n \to \infty$ ($\infty \mathrel{\widehat{=}}$ Grundgesamtheit) hat die Standardnormalverteilung den Wert 1.

Beim t-Test wird unterschieden zwischen Einstichproben-t-Test und Zweistichproben-t-Test. Der Einstichproben-t-Test vergleicht eine Stichprobe mit einem Normwert/Referenzwert.

Beispiel

Vergleich der Zugfestigkeit einer Stichprobe mit dem in der Norm fixierten Wert der Zugfestigkeit.

Der t-Wert, Prüfwert/Testwert t_p berechnet sich bei diesem Test zu

$$t_\text{p} = \frac{\overline{x} - \mu}{s} \cdot \sqrt{n}$$

$\overline{x}$, s und n sind die Werte der Stichprobe,
μ ist der Wert gegen den getestet wird (Normwert).

Für den Zweistichproben-t-Test bei unabhängigen Stichproben (ungepaarter t-Test) gilt

$$t_p = \frac{|\overline{x}_1 - \overline{x}_2|}{s_d \sqrt{\frac{1}{n_1} + \frac{1}{n_2}}} \quad \text{oder} \quad t_p = \frac{|\overline{x}_1 - \overline{x}_2|}{s_d} \sqrt{\frac{n_1 \cdot n_2}{n_1 + n_2}}$$

mit

$$s_d = \sqrt{\frac{(n_1 - 1)\, s_1^2 + (n_2 - 1) s_2^2}{n_1 + n_2 - 2}}$$

$n_1 + n_2 - 2$ ist der Freiheitsgrad f.

Der Betrag von $|\overline{x}_1 - \overline{x}_2|$ sorgt dafür, dass keine negativen t-Werte auftreten.

Mit dem Vorliegen der t-Werte für die Stichproben (Prüfwerte) ist im Weiteren zu untersuchen, ob die Nullhypothese oder die Alternativhypothese zutrifft (s. Abschn. 5.2).

Zweiseitiger Test (Punkthypothese):

Nullhypothese H_0: $(\overline{x} = \mu)$
Alternativhypothese H_1: $(\overline{x} \neq \mu)$

Einseitiger Test:

- linksseitiger Test (α liegt auf der linken Seite der Verteilung)
  H_0: $(\overline{x} \geq \mu)$
  H_1: $(\overline{x} < \mu)$
- rechtsseitiger Test (α liegt rechtsseitig)
  H_0: $(\overline{x} \leq \mu)$
  H_1: $(\overline{x} > \mu)$

Beim t-Test ist die empirische Mittelwertdifferenz signifikant, wenn der empirische t-Wert (Testwert) im Betrag größer ist als der kritische t-Wert (Tabellenwert), d. h. dass die Nullhypothese abgelehnt wird. Wird geprüft ob sich die Mittelwerte $\overline{x}_1, \overline{x}_2$ von zwei Stichproben unterscheiden, ist der t_p-Wert für den Zweistichproben-t-Test zu berechnen. Dieser Wert wird mit dem Tabellenwert der t-Verteilung verglichen.

Allgemein gilt:

- Wenn der t_p-Wert kleiner ist als der Tabellenwert bei einer statistischen Sicherheit von 95 %, so unterscheiden sich die Mittelwerte $\overline{x}_1$ und $\overline{x}_2$ nicht.
- Wenn der t_p-Wert $\geq$ t-Tabellenwert bei 95 % ist, so sind die Mittelwerte $\overline{x}_1$ und $\overline{x}_2$ wahrscheinlich verschieden.

- Wenn die statistische Sicherheit auf 99 % erhöht wird und $t_p \geq t$-Tabellenwert ist, so sind $\overline{x}_1$ und $\overline{x}_2$ signifikant verschieden.
- Und wird die statistische Sicherheit weiter erhöht auf 99,9 % und gilt $t_p \geq t$-Wert in der Tabelle, so sind $\overline{x}_1$ und $\overline{x}_2$ hochsignifikant unterschiedlich.

An Stelle des Vergleiches des kritischen t-Wertes (Tabellenwert) mit dem empirischen t-Wert (Testwert), kann auch das α-Niveau mit dem p-Wert verglichen werden. Der p-Wert ist eine Wahrscheinlichkeit zwischen Null und Eins. Je kleiner der p-Wert, umso unwahrscheinlicher die Nullhypothese.

Ausgewählte Tabellen zum t-Test sind im Anhang A2.1 und A2.2 unter Abschn. A.2 enthalten.

Beispiel Thermooxidative Schädigung von Polypropylen [2]

Um zu prüfen, welchen Einfluss die thermische Oxidation auf das Eigenschaftsbild von Polypropylen-Folien hat, wurden Folienstreifen nach thermo-oxydativer Beanspruchung geprüft. Die thermooxydative Beanspruchung der Folien betrug bei 150 °C bis zu 60 Tage.

Am Beispiel der Bestimmung des Elastizitätsmoduls im Zugversuch (in Anlehnung an DIN EN ISO 527 [3]) zeigt Abb. 5.5 den zeitlichen Verlauf der Änderung. Zunächst erhöht sich der Modul durch die Temperung in Folge der Nachkristallisation. Dann folgt ein Modul-Abfall durch die Anreicherung von Stabilisatoren und Niedermolekularen in der amorphen Phase, weil diese sich im Bereich der Hochelastizität befindet.

Geprüft wird durch den t-Test, ob die Änderungen statistisch sicher sind (95 %ige und 99 %ige statistische Sicherheit, einseitiger Test).

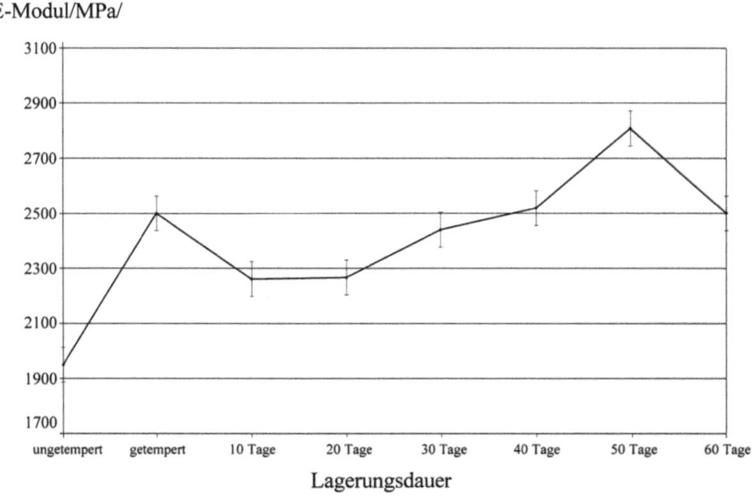

Abb. 5.5 Abhängigkeit des Elastizitätsmoduls von der Lagerungsdauer

Berechnungsbeispiel

Bezug 30 Tage thermooxydative Probenbeanspruchung getestet auf getemperte Probe.

Gemessene Werte:

- E-Modul (getempert) [MPa]:
  $\overline{x}_1 = 2506$
  $s_1 = 62$
  $n_1 = 10$
- E-Modul (nach 30 Tage thermooxydativer Beanspruchung) [MPa]:
  $\overline{x}_2 = 2435$
  $s_2 = 95$
  $n_2 = 10$

Der Prüfwert berechnet sich zu

$$t_\mathrm{p} = \frac{|\overline{x}_1 - \overline{x}_2|}{s_d\sqrt{\frac{1}{n_1} + \frac{1}{n_2}}} \quad \text{oder} \quad t_\mathrm{p} = \frac{|\overline{x}_1 - \overline{x}_2|}{s_d} \cdot \sqrt{\frac{n_1 \cdot n_2}{n_1 + n_2}}$$

Für die Streuung s_d aus den beiden Stichproben wird erhalten

$$s_d = \sqrt{\frac{(n_1 - 1)\,s_1^2 + (n_2 - 1)s_2^2}{n_1 + n_2 - 2}} = \sqrt{\frac{9 \cdot 62^2 + 9 \cdot 95^2}{10 + 10 - 2}} = 80{,}21$$

und für den Prüfwert t_p

$$t_\mathrm{p} = \frac{|2506 - 2435\,|}{80{,}21} \cdot \sqrt{\frac{10 \cdot 10}{20}}$$

somit $t_\mathrm{p} = 1{,}979$.

Der kritische t-Wert beträgt laut Tabelle im Anhang A2.1, Abschn. A.2 für $f = 18$:

- bei einseitigem Vertrauensbereich und 95 %iger statistischer Sicherheit $t_\mathrm{krit} = 1{,}734$
- bei einseitigem Vertrauensbereich und 99 %iger statistischer Sicherheit $t_\mathrm{krit} = 2{,}552$
- bei zweiseitigem Vertrauensbereich und 95 %iger statistischer Sicherheit $t_\mathrm{krit} = 2{,}101$
- bei zweiseitigem Vertrauensbereich und 99 %iger statistischer Sicherheit $t_\mathrm{krit} = 2{,}878$

Damit unterscheiden sich bei 95 %iger statistischer Sicherheit und einseitigem Vertrauensbereich die Mittelwerte wahrscheinlich. Bei einseitigem Vertrauensbereich und 99 %iger Sicherheit liegt keine signifikante Änderung des Elastizitätsmoduls vor. Gleiches gilt für den zweiseitigen Test bei 95 %iger und 99 %iger statistischer Sicherheit. Die Testergebnisse sind in Tab. 5.3 aufgeführt.

Es zeigt sich und dies kann in Abb. 5.5 nachvollzogen werden, dass sowohl bei 95 %iger als auch bei 99 %iger Sicherheit unterschiedliche Aussagen zur Signifikanz vorliegen. Insgesamt zeigt dies die Komplexität der Untersuchung.

Tab. 5.3 Statistische Untersuchung des Elastizitätsmoduls

Elastizitätsmodul bezogen auf die getemperte Probe	t_p-Wert	Signifikante Änderung, zweiseitiger Vertrauensbereich	
		95 %	99 %
Ungetempert auf getempert	20,67	ja	ja
10 Tage auf getempert	9,50	ja	ja
20 Tage auf getempert	8,87	ja	ja
30 Tage auf getempert	1,98	nein	nein
40 Tage auf getempert	0,31	nein	nein
50 Tage auf getempert	12,08	ja	ja
60 Tage auf getempert	0,07	nein	nein

5.4 *F*-Test

Der F-Test nach R. A. Fischer ist ein statistischer Test zur Prüfung, ob die Streuungen (Varianzen) von zwei Stichproben gleich sind oder sich unterscheiden. Voraussetzung für die Anwendung des F-Tests ist, dass normalverteilte Grundgesamtheiten N vorliegen und die Grundgesamtheiten müssen unabhängig sein (Voraussetzung aller Parameter-Tests).

Der F-Test verwendet also nur die Streuungen und den Stichprobenumfang der zwei Stichproben die zu überprüfen sind.

$$F = \frac{\sigma_1^2}{\sigma_2^2}$$

Sind beide Streuungen gleich, so ist $F = 1$.

Die F-Werte für die Überprüfung der Hypothesen ergeben sich aus der F-Verteilung, auch Fischer-Snedecor-Verteilung.

Die F-Verteilung ergibt sich aus allen möglichen Streuungsverhältnissen zwischen den Stichprobenstreuungen in den beiden Grundgesamtheiten. Die F-Verteilung hat als Spezialfälle: Normalverteilung $= F(1,\infty)$; t-Verteilung $= F(1,n_2)$ und Chi-Quadrat-Verteilung $= F(n_1,\infty)$.

Aus Abb. 5.6 ist zu ersehen, dass die Verteilungsfunktion nicht symmetrisch ist. Des Weiteren ist sie abhängig von den Freiheitsgraden der zwei Stichproben, also

$$f_1 = n_1 - 1 \quad \text{und} \quad f_2 = n_2 - 1$$

In der Tabelle der F-Werte sind die Freiheitsgrade f_1 die Zählerfreiheitsgrade und f_2 die Nenner-Freiheitsgrade. Ausgewählte Tabellenwerte zur F-Verteilung sind im Anhang in den Tab. A3.1, A3.2 und A3.3 unter Abschn. A.3 enthalten.

Werte zwischen den in den Tabellen angegebenen Freiheitsgraden können durch harmonische Interpolation erhalten werden, wobei die statistische Sicherheit gleich bleibt.

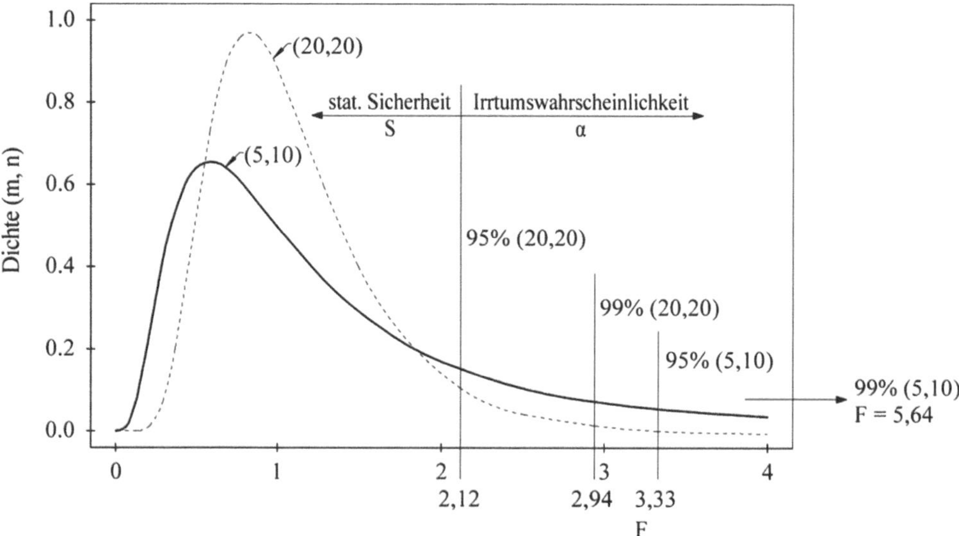

Abb. 5.6 Verteilungsfunktion der F-Verteilung bei den Freiheitsgraden (20,20) und (5,10)

Die Berechnung erfolgt für den gesuchten F-Wert für f_1 und f_2 mit den Tabellenwerten bei f_2 und den Werten f_{1-1} und f_{1+1} zwischen denen der Wert f_1 liegt zu ($f_{1-1} < f_1 < f_{1+1}$).

$$\frac{F_{f_{1-1},f_2} - F_{f_1,f_2}}{F_{f_{1-1},f_2} - F_{f_{1+1},f_2}} = \frac{\frac{1}{f_{1-1}} - \frac{1}{f_1}}{\frac{1}{f_{1-1}} - \frac{1}{f_{1+1}}}$$

Der F-Test für die Stichproben bestimmt sich als Quotient der geschätzten Varianzen s_1^2 und s_2^2 (größere Varianz zu kleinerer Varianz).

$$F_{\text{Stichproben}} = \frac{s_1^2}{s_2^2} \quad \text{mit} \quad s_1^2 > s_2^2$$

Beim Test wird unterschieden zwischen einseitigem und zweiseitigem Test. Der einseitige Test hat die größere Teststärke.

Es ergeben sich drei Möglichkeiten:

Einseitiger Test

a) Hypothesen
   H_0: $\sigma_1^2 \geq \sigma_2^2$
   H_1: $\sigma_1^2 < \sigma_2^2$
   Mit der Testgröße $F = \frac{s_1^2}{s_2^2}$
   H_0 wird abgelehnt, wenn $F > F_{\text{Tab}}$ (bei der statistischer Unsicherheit α)
   H_0 wird angenommen, wenn $F < F_{\text{Tab}}$ (bei α)

b) Hypothesen
   H_0: $\sigma_1^2 \leq \sigma_2^2$
   H_1: $\sigma_1^2 > \sigma_2^2$
   Testgröße $F = \frac{s_1^2}{s_2^2}$
   H_0 wird abgelehnt wenn $F > F_{Tab}$ (bei α).

Zweiseitiger Test
Hypothese
   H_0: $\sigma_1^2 = \sigma_2^2$
   H_1: $\sigma_1^2 \neq \sigma_2^2$
   Testgröße $F = \frac{s_1^2}{s_2^2}$, mit $s_1^2 > s_2^2$ gewählt.
   H_0 wird abgelehnt, wenn $F > F_{Tab}$ (bei $\alpha/2$).

Die Entscheidung, ob einseitig oder zweiseitig geprüft wird, hängt also nicht von der Unsymmetrie und Einseitigkeit der F-Funktion ab.

Zum Einfluss der statistischen Sicherheit S bzw. der statistischen Unsicherheit α (Irrtumswahrscheinlichkeit) lässt sich Folgendes feststellen:

- Wenn F kleiner ist als der Tabellenwert von F bei 95 %, unterscheiden sich die getesteten Streuungen s_1 und s_2 nicht.
- Wenn F größer oder gleich ist als der Tabellenwert von F bei 95 %, so sind die Streuungen s_1, s_2 wahrscheinlich verschieden.
- Wenn F bei einer statistischen Sicherheit von 99 % größer ist als der Tabellenwert, sind die Streuungen s_1, s_2 signifikant verschieden.
- Wenn F bei $S = 99{,}9\,\%$ größer ist als der Tabellenwert, sind die Streuungen s_1 und s_2 hochsignifikant verschieden.

Beispiel für den F-Test: Einhaltung der Sollstreuung
Zur Qualitätsüberwachung von Spritzgussteilen wird die Streuung der Gewichte bestimmt. Die vereinbarte Sollstreuung s_{vb} beträgt $s_{vb} = 0{,}024$; f_{vb} ist in diesem Fall $f_{vb} = \infty$ ($\hat{=}\ f_2$).

Durch eine Stichprobe im Umfang von $n_p = 101$ Teilen wird folgende Streuung bestimmt $s_p = 0{,}0253$ mit $f_p = n_p - 1 = 100$ ($\hat{=}\ f_1$).

Berechnung des F-Wertes mit $F \geq 1$

$$F = \frac{s_p^2}{s_{vb}^2} = \frac{0{,}0253^2}{0{,}024^2} = 1{,}11$$

Der Vergleich mit dem Tabellenwert bei $S = 99\,\%$ ergibt $F_{Tab} = 1{,}36$.

Da $F < F_{Tab}$ ist, wird die vereinbarte Sollstreuung eingehalten.

5.5 Der Chi-Quadrat-Test (χ^2-Test)

Der Chi-Quadrat-Test dient der Untersuchung von Häufigkeiten; es ist ein einfacher statistischer Test.

5.5.1 Bedingungen zum Chi-Quadrat-Test

Folgende Bedingungen sind zu erfüllen:

- Normalverteilung; eine Auftragung der Daten ist sinnvoll
- zufällige Entnahme der Stichprobe
- die Zufallsgrößen sind untereinander unabhängig und unterliegen derselben Normalverteilung
- Bei der Anwendung des Chi-Quadrat-Tests wird außerdem noch gefordert:
  - Stichprobenumfang nicht zu klein, $n > 30$,
  - bei Aufteilung in Häufigkeitsklassen (Zellhäufigkeit) $n \geq 10$ bzw. mindestens 80 % aller Klassen mit $n > 5$,
  - beim 4-Felder-Test muss der Erwartungswert der vier Felder Erwartungswert = (Zeilensumme · Spaltensumme)/Gesamtzahl mindestens 5 betragen.

Bei einem Erwartungswert von <5 ist der Fischer-Test zu verwenden.

Neben der Anwendung dieses Tests für dichotome Merkmale (binäres Merkmal, nur zwei Ausprägungen möglich, zum Beispiel kleiner oder größer als eine bestimmte Größe) können auch ordinal- und intervallskalierte Größen (Variablen) verwendet werden, wenn die Häufigkeiten dieser Merkmale untersucht werden sollen.

▶ Anmerkung: Intervallskala ist eine metrische Skala, bei einer Ordinalskala können die Ordinal-Variablen über die Reihung geordnet werden.

Alle Chi-Quadrat-Verfahren sind Vergleiche von beobachteten und erwarteten Häufigkeiten.

Es geht also immer um die folgende Größe

$$\frac{(\text{festgestellte Häufigkeit} - \text{erwartete Häufigkeit})^2}{\text{erwartete Häufigkeit}}$$

▶ Anmerkung: R. Helmert untersuchte die Quadratsummen von normalverteilten Größen. Die daraus entstandene Verteilungsfunktion nannte dann K. Pearson Chi-Quadrat-Verteilung.

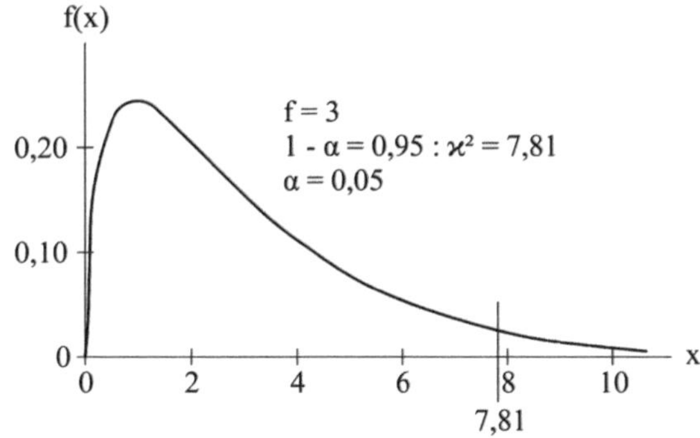

Abb. 5.7 Chi-Quadrat-Verteilung, $f = 3$, $f(x)$-Dichtefunktion

Der Chi-Quadrat-Wert wird dann als Summe über die Gesamtheit dieser Werte berechnet.

$$\chi^2 = \sum \frac{(\text{festgestellte Häufigkeit} - \text{erwartete Häufigkeit})^2}{\text{erwartete Häufigkeit}}$$

$$\chi^2 = \sum \frac{(h_{if} - h_{ie})^2}{h_{ie}}$$

h_{if} festgestellte Häufigkeit; h_{ie} erwartete Häufigkeit.

Der Chi-Quadrat-Test wird als Unabhängigkeitstest (Prüfung zweier Merkmale auf stochastische Unabhängigkeit) und als Anpassungstest (auch Verteilungstest; Prüfung der Daten auf ihre Verteilung) ausgeführt.

Die Chi-Quadrat-Verteilungsfunktion kann nicht in elementarer Form geschrieben werden, aber mittels Gammafunktion. Es wird auf die Literatur verwiesen.

Die Chi-Quadrat-Verteilung ist nicht symmetrisch, sie beginnt im Koordinatenursprung, siehe Abb. 5.7. Die Verteilung ist stetig, der Parameter f ist der Freiheitsgrad.

Tabellenwerte zur Chi-Quadrat-Verteilung sind im Anhang in der Tab. A4.1 Abschn. A.4 enthalten.

Bei einer statistischen Sicherheit von 95 % bestimmt sich der χ^2-Wert ($f = 3$) zu 7,81; der c^2-Wert $= 0{,}3518$. Wird die statistische Sicherheit auf 99 % erhöht, wird $\chi^2 = 11{,}34$ und $c^2 = 0{,}1148$.

Die Dichtefunktion ist für den Freiheitsgrad $f = 1$ und $f = 2$ eine fallende Kurve. Bei f größer zwei eine schiefe Glockenkurve (rechtsschief).

Die Asymmetrie der Chi-Quadrat-Kurve ist abhängig vom Freiheitsgrad. Die Chi-Quadrat-Kurve wird symmetrischer mit steigendem Freiheitsgrad und damit auch ähnlicher der Normalverteilung.

5.5.2 Chi-Quadrat-Anpassungstest/Verteilungstest

Der Chi-Quadrat-Verteilungstest, auch als Anpassungstest bezeichnet untersucht ein statistisches Merkmal. Geprüft wird, ob die Verteilung einer Stichprobe mit einer angenommenen oder vorgegebenen Verteilung (zum Beispiel Verteilung der Grundgesamtheit) übereinstimmt.

Der Test kann für kategoriale Merkmale (begrenzte Anzahl von Ausprägungen/Kategorien) und für kontinuierliche Merkmale, die vorher klassifiziert wurden, angewendet werden.

Beim Chi-Quadrat-Anpassungstest wird die Differenz zwischen einer beobachteten (Stichprobe) und der erwarteten (zum Beispiel Grundgesamtheit) Häufigkeit quadriert und die Summe der entstehenden Dichtefunktion für die Annahme oder Ablehnung der Nullhypothese verwendet. Also mit h_i-Häufigkeit der Stichprobe und h_E-Häufigkeit der vorgegebenen (erwarteten) Verteilung normiert mit h_E.

Und damit für die Chi-Quadrat-Prüfgröße

$$\chi_\mathrm{p}^2 = \sum_{i=1}^{n} \frac{(h_i - h_E)^2}{h_E}$$

n ist die Anzahl der Ausprägungen/klassifizierte Merkmale.

Die Nullhypothese H_0, also Gleichheit der Häufigkeitsverteilungen wird abgelehnt, wenn

$$\chi_\mathrm{p}^2 > \chi_{1-\alpha,(k-1)}^2 \quad \text{(Tabellenwert)}$$

- Freiheitsgrad $f = k - 1$
- statistische Sicherheit $1 - \alpha$
- Signifikanzniveau α

Wenn die Verteilung der Stichprobe und die der vorgegebenen Verteilung übereinstimmen, wird $\chi_\mathrm{p}^2 = 0$, da $(h_i - h_e)^2 \equiv 0$.

Umso deutlicher sich die zu vergleichenden Verteilungen unterscheiden, desto größer wird χ_p^2 und damit auch umso eher die Nullhypothese verworfen. Der Ablehnungsbereich für H_0 liegt rechts auf der Verteilungsfunktion; es wird immer rechtsseitig getestet.

Soll geprüft werden, ob eine vorliegende Verteilung einer Normalverteilung genügt, muss die gemessene Verteilung zunächst transformiert werden. Diese Transformation wird z-Transformation genannt. Sie überführt eine beliebige Normalverteilung in die Standardnormalverteilung. Damit hat dann die transformierte Verteilung den Mittelwert $\overline{x} = 0$ und die Standardabweichung oder Streuung $s = 1$.

Die z-Transformation für einen beliebigen Wert x_i der Verteilung berechnet sich zu

$$z_i = (x_i - \overline{x})/s$$

mit den Werten der Stichprobe

$\overline{x}$ Mittelwert
s Standardabweichung

oder für die Grundgesamtheit

$$z_i = (x_i - \mu)/\sigma$$

μ Mittelwert der Grundgesamtheit und
σ Standardabweichung.

Beispiel: Prüfung auf Normalverteilung (Goodness-of-fit-Test)
Durchmesser von Stahlwellen sollen dahingehend überprüft werden, ob sie der Normalverteilung unterliegen. Normalverteilung ist in der Qualitätssicherung eine wichtige Voraussetzung.

Entnommen wird aus der Fertigung eine Stichprobe von 50 Wellen in unmittelbarer Folge (Untersuchung der Maschinenfähigkeit – MFU). An ihnen wird der Durchmesser bestimmt. Tab. 5.4 zeigt die Ergebnisse einer geordneten Reihe der Durchmesser.

Mit dem Chi-Quadrat-Verteilungstest (Goodness-of-fit-Test) wird die Prüfung auf Normalverteilung durchgeführt. Dazu wird die Stichprobe in Klassen eingeteilt. Im vorliegenden Fall 6 Klassen mit einer Klassenbreite von 5 Wellen. Da auf Verteilung geprüft werden soll, ist die Prüfung umso genauer, je mehr Klassen gebildet werden. 6 Klassen werden als Minimum angesehen und eine Klassenbreite von mindestens 5 ist notwendig, siehe dazu auch Abschn. 5.5.1. Diese Bedingungen werden erfüllt.

Beim Chi-Quadrat-Verteilungstest werden die Abweichungen der beobachteten und erwarteten Häufigkeiten untersucht. Die erwarteten Häufigkeiten entsprechen der Normalverteilung. Das ist die Verteilung, gegenüber der geprüft wird.

Es ist verständlich, dass für den Fall geringer oder keiner Abweichungen der Stichprobe von der Normalverteilung, die Summe der Abweichungsquadrate, wie sie im Test vorliegen, klein oder Null sind.

$$\chi^2 = \sum \frac{(h_{i\mathrm{f}} - h_{i\mathrm{e}})^2}{h_{i\mathrm{e}}}$$

In den Klassen der Stichprobe sind bei gleicher Klassenbreite die Werte eingetragen, welche die Klasse begrenzen. Um eine Vergleichbarkeit der gemessenen Werte mit der Normalverteilung herzustellen, müssen die gemessenen Werte transformiert werden.

Tab. 5.4 Durchmesser von Stahlwellen, geordnete Wertereihe

15,0872	15,0873	15,0874	15,0874	15,0876	15,0876	15,0876	15,0878	15,0880
15,0880	15,0880	15,0881	15,0881	15,0882	15,0883	15,0886	15,0886	15,0887
15,0887	15,0888	15,0889	15,0890	15,0890	15,0890	15,0890	15,0894	15,0895
15,0895	15,0896	15,0898	15,0901	15,0901	15,0901	15,0903	15,0903	15,0903
15,0903	15,0904	15,0905	15,0906	15,0906	15,0909	15,0909	15,0912	15,0913
15,0915	15,0916	15,0916	15,0918	15,0927				

Dazu wird die z-Transformation verwendet. Sie normiert auf Normalverteilung. Für die Begrenzungswerte der Klassen werden die z-Werte erhalten durch die Beziehung

$$z_i = \frac{(x_i - \overline{x})}{s}$$

Darin sind $\overline{x}$ der Mittelwert und s die Streuung der Stichprobe. Im Beispiel alle 50 Einzelwerte der Durchmesser ergeben den Mittelwert $\overline{x} = 15{,}0894\,\text{mm}$ und die daraus berechnete Streuung $s = 0{,}001393\,\text{mm}$.

Die z_i-Werte berechnen sich mit den Begrenzungswerten der Klassen und sind in der Tab. 5.5 aufgeführt. Die Klasse 1 beginnt bei $-\infty$ und Klasse 6 beendet die Stichprobe bei $+\infty$. Dadurch wird der Normalverteilung Rechnung getragen.

Spalte A führt die Häufigkeit der gemessenen Werte auf. In Spalte B ist die berechnete Häufigkeit nach z-Transformation enthalten. Zunächst wird dazu die Fläche der Normalverteilung in den Klassengrenzen bestimmt. Dazu ist es erforderlich, aus der Tabelle der Normalverteilung zu den Klassengrenzen die Flächen zu bestimmen. Die Fläche in den Grenzen der Normalverteilung wird erhalten, indem vom Flächenwert bei der oberen Klassengrenze der Flächenwert bei der unteren Klassengrenze abgezogen wird. Siehe dazu auch Abb. 5.8. Alternativ kann auch mittels Software dieser Flächenanteil bestimmt werden. Da die Häufigkeit dem Flächenanteil entspricht, ergibt die Multiplikation mit dem Stichprobenumfang die berechnete Häufigkeit.

Die Differenz der Werte unter A und B ist schon ein Maß für die Abweichung der gemessenen Häufigkeit zur berechneten Häufigkeit. Je kleiner die Differenz, umso deutlicher die Annäherung an die Normalverteilung.

Der Chi-Quadrat-Wert für die jeweilige Klasse wird erhalten, indem das Quadrat der Abweichungen (A-B) durch die berechnete Häufigkeit dividiert wird. Und schließlich wird der Prüfwert als die Summe der Chi-Quadrat-Werte bestimmt.

Tab. 5.5 Werte zum Chi-Quadrat-Verteilungstest

Nr.	Ø-Klassen		z-transformiert	A Häufigkeit gemessener Werte	B Berechnete Häufigkeit (nach z-Transformation)		Diff. A–B	χ^2
	von	bis			Fläche $\Phi(x)$	Anzahl		
1	$-\infty$	15,0879	−1,0768	8	0,1408	7,04	0,96	0,131
2	15,0879	15,0887	−0,5025	11	0,1669	8,34	2,66	0,848
3	15,0887	15,0895	0,0718	9	0,2210	11,05	−2,05	0,380
4	15,0895	15,0903	0,6461	9	0,2123	10,62	−1,62	0,247
5	15,0903	15,0911	1,2204	6	0,1480	7,40	−1,4	0,265
6	15,0911	$+\infty$	2,3690	7	0,1112	5,56	1,44	0,373
				$\Sigma = 50$	$\Sigma = 1{,}0002$	$\Sigma = 50{,}01$		$\Sigma\chi^2 = 2{,}244$

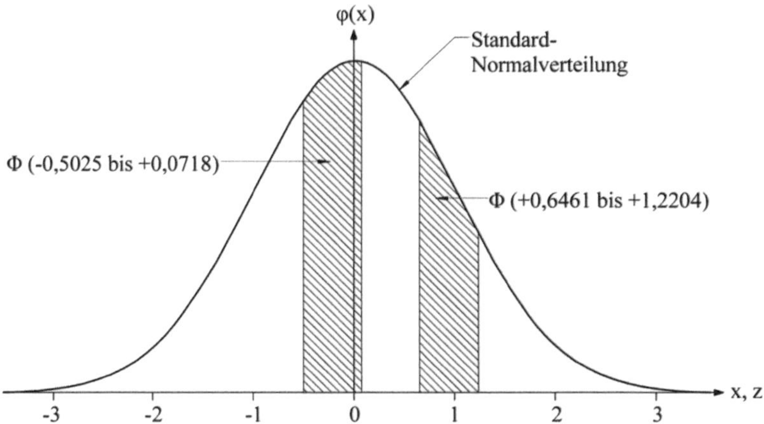

Abb. 5.8 Flächenanteil nach z-Transformation

Ergebnis: $\sum \chi^2 = 2{,}244$

Ob dieser Wert signifikant ist, zeigt der Vergleich mit der Chi-Quadrat-Tabelle, siehe Anhang A.4, Tab. A4.1. Wie aus der Tabelle zu ersehen, wird dazu noch die Anzahl der Freiheitsgrade benötigt.

Freiheitsgrad f:

$$f = \text{Anzahl der Summanden} - 1\,\text{Freiheitsgrad} - 2\,\text{Freiheitsgrade} = 6 - 1 - 2 = 3$$

Die zusätzlichen 2 Freiheitsgrade, die berücksichtigt werden müssen, ergeben sich aus der Schätzung von Mittelwert und Streuung zur Berechnung der erwarteten Häufigkeiten über die z-Transformation.

Bei der Festlegung der statistischen Sicherheit bzw. des Freiheitsgrades ist zu beachten, dass geprüft wird, ob sich die Häufigkeiten nicht unterscheiden.

Im vorliegenden Fall werden aus der Tab. A4.1 im Anhang A.4 folgende Werte ermittelt:

$$\alpha = 5\,\%\,(0{,}95); \qquad \chi^2 = 7{,}81$$
$$\alpha = 1\,\%\,(0{,}99); \qquad \chi^2 = 11{,}34$$
$$\alpha = 0{,}1\,\%\,(0{,}999); \qquad \chi^2 = 16{,}27$$

Da der Prüfwert $\sum \chi^2 = 2{,}244$ kleiner ist als die Tabellenwerte bei unterschiedlicher statistischer Sicherheit, ist davon auszugehen, dass die gemessenen Durchmesser der Stichprobe einer Normalverteilung entstammen.

5.5.3 Chi-Quadrat-Unabhängigkeitstest

Beim Chi-Quadrat-Unabhängigkeitstest wird der statistische Zusammenhang von zwei Merkmalen X und Y untersucht. Es wird geprüft, ob diese Merkmale statistisch voneinander abhängig sind oder unabhängig. Die empirischen Häufigkeiten werden in eine Kreuztabelle eingetragen – siehe Tab. 5.6. Bedingung: keine Häufigkeit kleiner 5.

$$h_{\sum\sum} = \text{Spaltensumme} = \text{Zeilensumme}$$

Die Prüfgröße beim Unabhängigkeitstest wird berechnet zu

$$\chi^2 = \sum_n \sum_m \frac{(h_{n,m} - \hat{h}_{n,m})^2}{\hat{h}_{n,m}}$$

mit

$h_{n,m}$ beobachtete (empirische) Häufigkeit.

$$\hat{h}_{n,m} = \frac{h_{n,s} \cdot h_{s,m}}{h_{s,s}} \quad \text{erwartete/theoretische Häufigkeit}$$

n Spalten
m Zeilen
$h_{n,s}$ Spaltenhäufigkeit
$h_{s,m}$ Zeilenhäufigkeit.

$$\text{Freiheitsgrad } f = (n-1)(m-1)$$

Bei je zwei Ausprägungen der Merkmale X und Y ergibt sich eine 4-Felder-Tabelle (2 × 2 Tafel) und damit ein 4-Felder χ^2-Test, siehe Tab. 5.7.

$$h_{\sum\sum} = \text{Spaltensumme} = \text{Zeilensumme}$$

Tab. 5.6 Chi-Quadrat-Test

	Spalte 1	Spalte 2	Spalte 3	Zeilensumme
Zeile 1	h_{11}	h_{12}	h_{13}	$h_{1\Sigma}$
Zeile 2	h_{21}	h_{22}	h_{23}	$h_{2\Sigma}$
Spaltensumme	$h_{\Sigma 1}$	$h_{\Sigma 2}$	$h_{\Sigma 3}$	$h_{\Sigma\Sigma}$

Tab. 5.7 4-Felder-Tabelle

	Spalte		
Zeile	x_1	x_2	Zeilensumme
y_1	h_{11}	h_{12}	$h_{1\Sigma}$
y_2	h_{21}	h_{22}	$h_{2\Sigma}$
Spaltensumme	$h_{\Sigma 1}$	$h_{\Sigma 2}$	$h_{\Sigma\Sigma}$

Die Prüfgröße Chi-Quadrat berechnet sich aus den 4 Summanden zu

$$\chi^2 = \frac{(h_{11} - h_{1\Sigma} \cdot h_{\Sigma 1})^2}{h_{1\Sigma} \cdot h_{\Sigma 1}} + \frac{(h_{12} - h_{1\Sigma} \cdot h_{\Sigma 2})^2}{h_{1\Sigma} \cdot h_{\Sigma 2}} + \frac{(h_{21} - h_{2\Sigma} \cdot h_{\Sigma 1})^2}{h_{2\Sigma} \cdot h_{\Sigma 1}} + \frac{(h_{22} - h_{2\Sigma} \cdot h_{\Sigma 2})^2}{h_{2\Sigma} \cdot h_{\Sigma 2}}$$

Durch arithmetische Umformung entsteht daraus

$$\chi^2 = \frac{(h_{11} \cdot h_{22} - h_{12} \cdot h_{21})^2 \cdot h_{\Sigma\Sigma}}{h_{1\Sigma} \cdot h_{\Sigma 1} \cdot h_{2\Sigma} \cdot h_{\Sigma 2}}$$

Die erwarteten Häufigkeiten entsprechen der Nullhypothese.

Allgemein:

H_0: Die erwartete Verteilung und die empirische Verteilung sind gleich.
H_1: Empirische Verteilung und erwartete Verteilung sind (ungleich) nicht gleich.

Beim einseitigen Test wird die Nullhypothese H_0 abgelehnt, wenn der Prüfwert χ_p größer ist als der theoretische χ^2-Wert (Tabellenwert aus Abschn. A.4).

$$\chi_p^2 > \chi_{f,1-\alpha}^2; \quad f = k - 1 \quad \text{(Freiheitsgrad)}$$

Beim zweiseitigen Test wird die Nullhypothese H_0 abgelehnt, wenn der Prüfwert größer oder kleiner als die theoretische Häufigkeit ist.

$$\chi_p^2 > \chi_{f,1-\frac{\alpha}{2}}^2 \quad \text{und}$$
$$\chi_p^2 < \chi_{f,\frac{\alpha}{2}}^2$$

Die allgemeine Vorgehensweise für den Chi-Quadrat-Unabhängigkeitstest ist folgende:

1. Null- und Alternativhypothese formulieren
2. Freiheitsgrad berechnen
3. Signifikanzniveau festlegen
4. Chi-Quadrat-Prüfgröße berechnen
5. Vergleich der Prüfgröße mit dem Tabellenwert
6. Interpretation des Ergebnisses

Bei der Festlegung des Signifikanzniveaus wird allgemein eine Irrtumswahrscheinlichkeit von $\alpha = 0{,}05$ gewählt. Das ist die Wahrscheinlichkeit die Nullhypothese abzulehnen, obwohl sie zutrifft.

Die Nullhypothese wird verworfen, wenn der Tabellenwert (kritischer Wert) übertroffen wird. Der Stichprobenumfang hat Einfluss, da die Chi-Quadrat-Verteilung eine Funktion von der Irrtumswahrscheinlichkeit α und vom Freiheitsgrad f ist.

Bei großen Stichproben werden die Unterschiede früher signifikant.

Tab. 5.8 Beispiel 4-Felder-Test

Merkmal A	Merkmal B	
	Teile i. O.	Fehlerhafte Teile
Anlage mit manueller Sortierung	3.999.400	600
Anlage ohne Sortierung	1.999.580	420

Beispiel: Anlagenvergleich bei der Kaltumformung
Durch Kaltumformung werden auf zwei Anlagen gleiche Teile von Verbindungselementen (Schrauben) hergestellt. Für eine nicht näher definierte Eigenschaft (Merkmal) wird auf der einen Anlage bei einem Losumfang von 4 Mio. manuell sortiert, auf der anderen Anlage mit einem Losumfang von 2 Mio. wird nicht sortiert.

Die Überprüfung der Fehleranteile ergab:

1. Anlage: Losumfang 4 Mio., Fehleranteil 150 ppm
2. Anlage: Losumfang 2 Mio., Fehleranteil 210 ppm

Es ist zu prüfen, ob statistische Unterschiede zwischen den beiden Anlagen bestehen.

Beispiel zur Anwendung des Chi-Quadrat-Tests (4-Felder-Test) zeigt Tab. 5.8.

Es wird die Nullhypothese geprüft: Es besteht kein Unterschied in der Häufigkeit der fehlerhaften Teile.

Bei einer statistischen Sicherheit von 95 % (Irrtumswahrscheinlichkeit $\alpha = 0{,}05$) ergibt sich ein Tabellenwert (kritischer Wert) für den einseitigen Test von

$$\chi_{f,1-\alpha} = 3{,}84$$

Die Prüfgröße berechnet sich zu $\chi_{\mathrm{p}}^2 = 28{,}24$.

Da $\chi_{\mathrm{p}}^2 > \chi_{f,1-\alpha}$, wird die Nullhypothese abgelehnt. Es besteht ein statistischer Unterschied im Fehleranteil zwischen den beiden Anlagen.

Literatur

1. Bortz, J., Lienert, G. A., Boehnke, K.: Verteilungsfreie Methoden in der Biostatistik. Springer, Berlin, Heidelberg (2008)
2. Schiefer, F.: Evaluation von Prüfverfahren zur Bestimmung der künstlichen Alterung an Polypropylen-Folien. Bachelorarbeit, Universität Stuttgart (27. Febr. 2012)
3. DIN EN ISO 527: Kunststoffe – Bestimmung der Zugeigenschaften

Korrelation

6

Korrelation (lat. Wechselbeziehung) kennzeichnet eine Beziehung, einen Zusammenhang zwischen üblicherweise zwei Größen. Im „black box"-Modell also den Zusammenhang zwischen einer verursachenden Größe und einer Wirkung. Des Weiteren können auch Korrelationen zwischen den Ursachen sowie zwischen den Wirkungen bestimmt werden.

6.1 Kovarianz, Empirische Kovarianz

Besteht ein Zusammenhang zwischen zwei Größen/Variablen (x_i, y_i), so gibt es eine beschreibende Maßzahl, die empirische Kovarianz

$$s_{xy}^2 = \frac{1}{n-1} \sum_{i=1}^{n} (x_i - \overline{x})(y_i - \overline{y})$$

darin sind

$$\overline{x} = \frac{1}{n} \sum_{i=1}^{n} x_i \quad \text{und}$$

$$\overline{y} = \frac{1}{n} \sum_{i=1}^{n} y_i$$

die Mittelwerte der Stichproben im Umfang n.

Wie zu ersehen ist, hängt die empirische Kovarianz von der Dimension der Variablen ab, ist also dimensionsbehaftet.

Dieser Nachteil wird durch den Korrelationskoeffizient (empirischen Korrelationskoeffizient) behoben, indem die empirische Kovarianz durch die Varianzen der Stichproben geteilt wird. Dadurch entsteht eine dimensionslose Kennzahl.

H. Schiefer, F. Schiefer, *Statistik für Ingenieure*, https://doi.org/10.1007/978-3-658-20640-6_6

6.2 Korrelation (Stichprobenkorrelation), empirischer Korrelationskoeffizient

Die Korrelation beantwortet die Frage, ob zwischen zwei Größen ein Zusammenhang besteht oder nicht. Dabei wird nicht unterschieden, welche Größe/Variable als abhängig oder unabhängig gilt. Die Variablen sollten normalverteilt sein.

Der Grad des Zusammenhanges wird quantitativ durch den Korrelationskoeffizienten r_{xy} angegeben. Der Korrelationskoeffizient, auch Korrelationswert bzw. Produkt-Moment-Korrelation (Pearson-Korrelation) ist eine dimensionslose Größe, die den *linearen* Zusammenhang beschreibt. Der Wert r_{xy} kann je nach Stärke des Zusammenhanges zwischen -1 und +1 liegen. Bei $r_{xy} = +1$ oder $r_{xy} = -1$ besteht ein funktionaler Zusammenhang, direkt linear bei $+1$ und indirekt linear bei -1. Bei diesen Werten liegen alle Werte/Punkte im Streudiagramm auf einer Geraden.

Ist r_{xy} gleich Null, so besteht kein linearer Zusammenhang. Aber ein nicht-linearer Zusammenhang kann dennoch bestehen. Das Vorzeichen des Korrelationskoeffizienten bestimmt sich aus dem Vorzeichen der Kovarianz; die Varianzen im Nenner sind immer größer „Null".

Der Korrelationskoeffizienten (empirischer Korrelationskoeffizient) berechnet sich aus den Wertepaaren (x_i, y_i) mit $i = 1 \ldots n$ zu

$$r_{xy} = \frac{\sum_{i=1}^{n} (x_i - \overline{x})(y_i - \overline{y})}{\sqrt{\sum_{i=1}^{n}(x_i - \overline{x})^2 \cdot \sum_{i=1}^{n}(y_i - \overline{y})^2}} = \frac{\sum_{i=1}^{n} x_i y_i - n\overline{x}\,\overline{y}}{\sqrt{\left(\sum_{i=1}^{n} x_i^2 - n\overline{x}^2\right)\left(\sum_{i=1}^{n} y_i^2 - n\overline{y}^2\right)}}$$

mit $\overline{x}$, $\overline{y}$, den arithmetischen Mittelwerten.

Die Stärke des linearen Zusammenhanges wird folgendermaßen interpretiert:

0	kein linearer Zusammenhang
0 bis 0,5	schwacher linearer Zusammenhang
0,5 bis 0,8	mittlerer linearer Zusammenhang
0,8 bis 1,0	starker linearer Zusammenhang
1,0	perfekter (funktionaler) Zusammenhang

Die Grenzwerte $+1$ bzw. -1 können (betragsmäßig) nie größer als „1" sein, weil die Größe im Zähler (Kovarianz) nicht größer sein kann als der Nenner, das Produkt der Standardabweichungen.

Das Quadrat des Korrelationskoeffizienten r_{xy} ist das Bestimmtheitsmaß B:

$$r_{xy}^2 = B$$

In erster Näherung gibt das Bestimmtheitsmaß an, wie viel Prozent der gesamten Varianz (Streuung) im Bezug auf einen statistischen Zusammenhang bestimmt ist. Beispielsweise sind bei $r = 0{,}6$ und damit $B = 0{,}36$, also 36 % der Varianz statistisch erklärt.

Ob ein Korrelationskoeffizient signifikant ist (wesentlich von Null verschieden) wird durch den t-Test bestimmt.

Die Korrelation zwischen zwei Variablen ist eine notwendige, aber keine hinreichende Bedingung für einen kausalen Zusammenhang.

6.3 Partieller Korrelationskoeffizient, Partialkorrelation

Wird der Zusammenhang zwischen zwei Variablen A und B durch eine dritte Variable C beeinflusst, so liefert die partielle Korrelation den Korrelationskoeffizienten zwischen A und B ohne den Einfluss von C (Störvariable).

$$r_{\mathrm{AB,C}} = \frac{r_{\mathrm{AB}} - r_{\mathrm{AC}} \cdot r_{\mathrm{BC}}}{\sqrt{\left(1 - r_{\mathrm{AC}}^2\right)\left(1 - r_{\mathrm{BC}}^2\right)}}$$

Darin ist $r_{\mathrm{AB,C}}$ der Korrelationskoeffizient für den linearen Zusammenhang der Variablen (Einflussgrößen) von A und B ohne Wirkung der Variablen C; r_{AB}, r_{AC}, r_{BC} sind die Korrelationskoeffizienten zwischen den Variablen AB, AC und BC.

Beispiel: Einflussgrößen auf die Zugfestigkeit von verstärkten Polyamid 66
Die Zugfestigkeit von Kunststoffen ist für deren Anwendung eine wesentliche Größe. Bei Kunststoffen ist beispielsweise der Temperatureinfluss auf die Festigkeit viel größer als bei Metallen oder Keramik. Aber auch andere Einflussgrößen sind bei Kunststoffen signifikant. Dies gilt sowohl für Einflussgrößen wie die Werkstoffzusammensetzung, als auch für Einflüsse die während der Anwendung vorliegen. Einen erheblichen Einfluss auf das Eigenschaftsbild entsteht bei Werkstoffen, die Feuchtigkeit aufnehmen. Die Polyamide (PA) sind solche Werkstoffe.

Polyamide können durch Zusatzstoffe modifiziert werden, z. B. durch Füllstoffe oder Verstärkungsstoffe, also Fasern. Im Beispiel soll anhand der Korrelationskoeffizienten gezeigt werden, welchen Einfluss die Dichte und die Feuchte auf die Zugfestigkeit von verstärktem PA 66 haben, siehe Tab. 6.1.

Die Korrelationskoeffizienten berechnen sich mit den vorgenannten Daten für PA 66 zu:

- Korrelation Zugfestigkeit-Dichte $r_{\mathrm{AB}} = 0{,}9776$
- Korrelation Zugfestigkeit-Feuchteaufnahme $r_{\mathrm{AC}} = -0{,}9708$
- Korrelation Dichte-Feuchteaufnahme $r_{\mathrm{BC}} = -0{,}9828$

Alle drei Korrelationskoeffizienten zeigen einen starken linearen Zusammenhang. Damit ist auch der partielle Korrelationskoeffizient $r_{\mathrm{AB,C}}$ bestimmt, also die lineare Korrelation zwischen Zugfestigkeit und Dichte ohne Einfluss der Feuchteaufnahme.

Tab. 6.1 Zugfestigkeit, Dichte und Feuchteaufnahme von PA 66 [1]

A Zugfestigkeit (lf) [MPa] ISO 527		B Dichte [g/cm^3] ISO 1183	C Feuchteaufnahme (lf) DIN 50014
Ohne Glasfaser	60	1,13	2,8
15 % GF	80	1,23	2,2
25 % GF	120	1,32	1,9
30 % GF	140	1,36	1,7
35 % GF	160	1,41	1,6
50 % GF	180	1,55	1,2

lf – luftfeucht nach Lagerung im Normalklima 23/50 nach DIN 50014
GF – Glasfasergehalt

Aus

$$r_{\mathrm{AB,C}} = \frac{r_{\mathrm{AB}} - r_{\mathrm{AC}} \cdot r_{\mathrm{BC}}}{\sqrt{\left(1 - r_{\mathrm{AC}}^2\right)\left(1 - r_{\mathrm{BC}}^2\right)}}$$

wird für $r_{\mathrm{AB,C}} = 0{,}5304$.

Daraus ist zu ersehen, dass die Feuchteaufnahme einen erheblichen Einfluss auf die Zugfestigkeit hat.

Literatur

1. Bottenbruch, L., Binsack, R. (Hrsg.): Technische Thermoplaste Polyamide – Kunststoff Handbuch 3/4. Hanser, München, Wien (1998)

Regression 7

Den quantitativen Zusammenhang zwischen zwei oder mehreren Größen/Variablen beschreibt die Regression. Damit ist ein mathematischer Zusammenhang, eine funktionelle Beschreibung zwischen diesen Variablen hergestellt. Was Ursache(n) und Wirkung(en) ist (sind) ist bei technischen Aufgabenstellungen im Allgemeinen definiert.

7.1 Ursache-Wirkung-Beziehung

► „Die Wirkung muss ihrer Ursache entsprechen." Leibniz, G. W., 1646–1716

Vor der Berechnung des Regressionsmodells ist ein Streudiagramm zu erstellen. Aus diesem Diagramm, der Darstellung der Wertepaare für die Regression lassen sich folgende Sachverhalte erkennen:

- die Streuung der Werte
- die Höhe der Korrelation
- der mögliche funktionale Zusammenhang
- die Homogenität der Ergebnisfunktion bzw. der Ergebnisfläche

Anmerkung zur Ergebnisfläche: Der Versuchsplan ist so zu gestalten, dass im Versuchsraum die gleiche Qualität herrscht; nur die Quantität darf sich ändern. D. h. im Versuchsraum dürfen keine Sprünge (Inhomogenitäten) auftreten. Beispiele für Inhomogenitäten sind: Phasenübergang eines Metalls von fest zu flüssig, Glasübergang bei Kunststoffen.

Der Ursache-Wirkung-Zusammenhang in Form einer „black box" ist eine einfache Hypothese. Es ist die Darstellung möglichst aller Einflussgrößen (x_i) auf die Zielgröße(n) y_j. Siehe dazu Abb. 7.1.

Im Versuchsplan werden dann die Einflussgrößen variiert, damit ihre Wirkung bestimmt werden kann.

H. Schiefer, F. Schiefer, *Statistik für Ingenieure*, https://doi.org/10.1007/978-3-658-20640-6_7

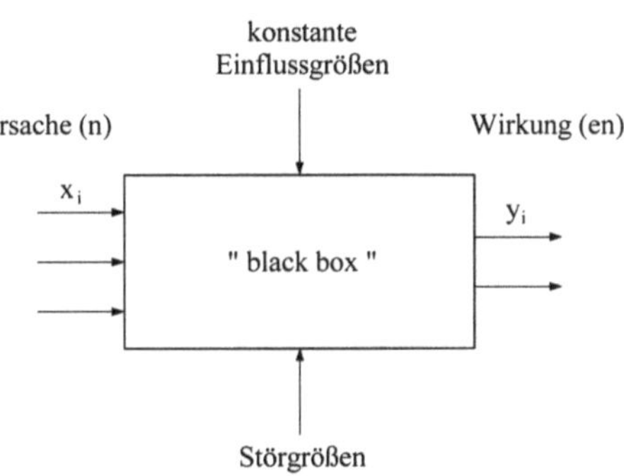

Abb. 7.1 Darstellung des Ursache-Wirkung-Zusammenhanges als „black box“

Bei den Versuchen im Labor oder an der Fertigungsanlage ist darauf zu achten, dass die „konstanten Einflussgrößen“ auch tatsächlich konstant bleiben. Ist dies nicht möglich, zum Beispiel durch Änderung der Außentemperatur (Sommer-Winter) oder Luftfeuchtigkeit, sind diese Einflüsse den Ursachen zuzuordnen.

In einfacher Weise ist die Zielgröße y von einer oder mehreren Einflussgrößen x_i abhängig. Also bei einer Einflussgröße x

$$y = f(x)$$

bzw. bei mehreren Einflussgrößen, zum Beispiel $y = f(x_1, x_2, x_3)$.

Treten Wechselwirkungen zwischen den Einflussgrößen in ihrer Wirkung auf die Zielgröße auf, entsteht zum Beispiel in einfacher Weise bei zwei Einflussgrößen x_1 und x_2 folgende phänomenologische Beziehung

$$y = a + b_1 \cdot x_1 + b_2 \cdot x_2 + b_{12} \cdot x_1 \cdot x_2 + e$$

Darin ist $b_{12} \cdot x_1 \cdot x_2$ das Glied, das die Wechselwirkung beschreibt.

Werden die Wirkungen der Einflussgrößen auf mehrere Zielgrößen untersucht, so entsteht beispielsweise folgendes Gleichungssystem; dazu auch Abb. 7.2.

$$\begin{aligned} y_1 &= f(x_1, x_2, x_5) \\ y_2 &= f(x_1, x_3) \\ y_3 &= f(x_2, x_4, x_5) \end{aligned}$$

Daraus ist zu ersehen, dass nicht alle Einflussgrößen x_i auf die Zielgröße y_j (Wirkungsgröße) Einfluss in gleicher Weise haben; auch der quantitative Einfluss ist im Allgemeinen unterschiedlich.

► Anmerkung: „… gleiche Ursachen … erzeugen gleiche Wirkungen“, Lukrez (Titus Lucretius Carus, 93–99 v. Chr. bis 53–55 v. Chr.), Über die Natur der Dinge

Dies ist bei der Formulierung einer Optimierungsfunktion zu berücksichtigen. Unter Umständen können bestimmte Wirkungen unabhängig voneinander optimiert werden.

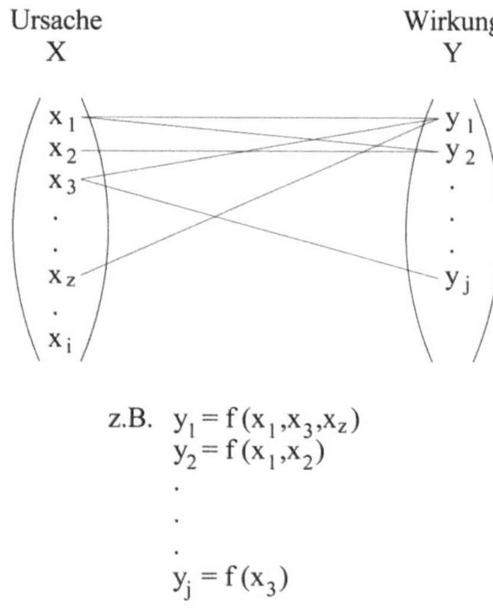

Abb. 7.2 Selektive Wirkung der Ursachen

7.2 Lineare Regression

Die Regression ist ein statistisches Analyseverfahren.

Ist aus dem Streudiagramm ersichtlich, dass die Abhängigkeit der Zielgröße von der Einflussgröße linear oder etwa linear ist, so wird der Zusammenhang (lineare Regression) berechnet. Es entsteht eine Funktion der Art

$$y = a + bx + e$$

Die Abhängigkeit wird damit quantitativ beschrieben.

Darin ist a der Schnittpunkt mit der y-Achse, b der Anstieg und e das Residuum (der Rest) des mathematischen Modells. Der Sachverhalt ist in Abb. 7.3 dargestellt.

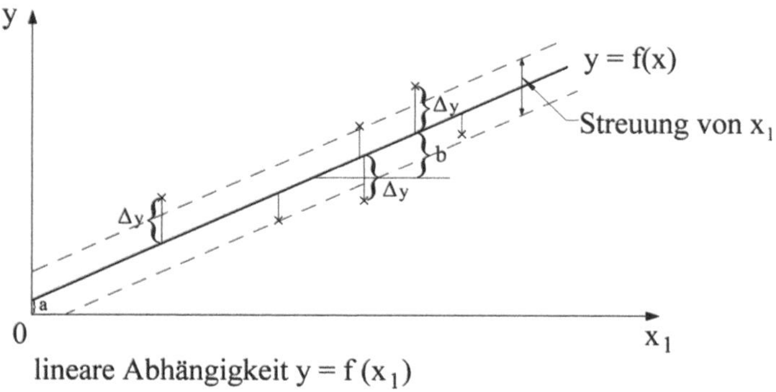

Abb. 7.3 Lineare Regression

Die Gerade wird dabei so durch die Punkte im Diagramm gelegt, dass die Summe der Quadrate der Abstände zur Geradengleichung ein Minimum ist (C. F. Gauß):

$$y = f(x_1)$$
$$\sum_{i=1}^{n} (y_i - (a + b \cdot x_i))^2 \Longrightarrow \text{Minimum}$$

i Anzahl der Messpunkte
y_i gemessener y-Wert am Punkt i
$a + bx_i$ Funktionswert y am Punkt i

► Anmerkung zur Methode der kleinsten Quadrate: „... indem wir bei dieser neuen Behandlung des Gegenstandes zeigen, dass die Methode der kleinsten Quadrate die beste von allen Combinationen liefere, und zwar nicht angenähert sondern unbedingt, ...", Theoria combinationis observationum erroribus minimis obnoxiae; Carl Friedrich Gauß, Göttingen 1821–1823

Sind die Abstände der Messpunkte zur Geradengleichung größer als die Streuung der Messpunkte, so liegt ein systematischer Einfluss vor. Mindestens eine weitere Einflussgröße ist also dafür verantwortlich. Welche Einflussgröße infrage kommt, ist durch die Korrelationsanalyse (siehe Abschn. 6.2) zu ermitteln.

In Abb. 7.4 ist diese Größe mit x_2 bezeichnet. Die Abweichungen der Messwerte von der Geradengleichung sind Δy.

Mit $\Delta y = f(x_2)$ entsteht

$$y = f(x_1) + \Delta y(x_2) = f(x_1) + f(x_2) = f(x_1, x_2)$$

Wenn Δy auch linear abhängig ist von x_2, so folgt

$$y = a + b_1 x_1 + b_2 x_2 + e$$

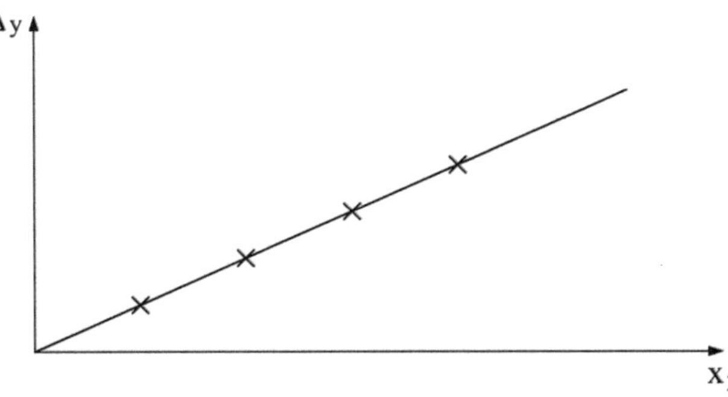

Abb. 7.4 Abhängigkeit der Größe Δy von x_2

Aus dieser Darstellung ist auch zu erkennen, dass es wichtig ist, die Streuung klein zu halten, damit mögliche Einflussgrößen erkannt werden. Das Bestimmtheitsmaß B erhöht sich dabei.

Bei der Verwendung einer Regressionsfunktion immer r bzw. $r^2 = B$ mit angeben. Daraus ist ersichtlich, wie gut die verwendete Funktion die gemessenen Werte (die Realität) abbildet.

Zur Berechnung der Größen a und b (Regressionskoeffizienten) wird zunächst die Summe der Abstandsquadrate gebildet; die erste Ableitung nach a und b ergibt das Extremum (in diesem Fall das Minimum, siehe 2. Ableitung) und durch Nullsetzen der Ableitungen werden die Regressionskoeffizienten erhalten zu:

$$b = \frac{\sum_{i=1}^{n} x_i y_i - n\overline{x}\,\overline{y}}{\sum_{i=1}^{n} x_i^2 - n\overline{x}^2} \quad \text{bzw.} \quad b = \frac{\sum_{i=1}^{n} (x_i - \overline{x})(y_i - \overline{y})}{\sum_{i=1}^{n} (x_i - \overline{x})^2}$$

und für a:

$$a = \overline{y} - b \cdot \overline{x} \quad \text{bzw.} \quad a = \frac{\sum_{i=1}^{n} y_i - b \cdot \sum_{i=1}^{n} x_i}{n}$$

$\overline{x}, \overline{y}$ Mittelwerte der Daten x_i, y_i

$$\overline{x} = \frac{1}{n}\sum_{i=1}^{n} x_i; \quad \overline{y} = \frac{1}{n}\sum_{i=1}^{n} y_i$$

Die Regressionsfunktion ist das phänomenologische Modell der Beziehung zwischen Ursache(n) und Wirkung. Die Funktion kann physikalisch-technisch vertieft werden, wenn die Einflussgrößen/Parameter zum Beispiel in ihrer Abhängigkeit von physikalischen Größen formuliert werden.

Beispiel

$$y = a + b \cdot x$$

$$\text{mit} \quad x = k \cdot e\frac{E_{\mathrm{a}}}{T}$$

E_{a} Aktivierungsenergie

Bei bestimmten technischen Aufgaben können alternativ auch theoretische Ableitungen als Einflussgrößen auf die Zielgröße vorliegen. Ist aber beispielsweise aus ungenügender Kenntnis von Stoffwerten keine direkte Berechnung möglich, kann zunächst durch Korrelationsrechnung mit bestimmten Einflussgrößen deren Wirkung bewertet werden. Aus der

Stärke der Einflussgrößen in der Regression ist abzuleiten, welche Größen für den betrachteten Sachverhalt signifikant sind. Schrittweise wird daraus das Modell weiter verfeinert, die Vollständigkeit des Modells wird hergestellt.

Auch die Umformulierung der Messgröße in Strukturgrößen oder andere theoretische Einflussgrößen führt zu einer Vertiefung der Beschreibung des physikalisch-technischen Zusammenhanges.

Sofern der lineare Ansatz der Regression nicht das erforderliche Bestimmtheitsmaß (Korrelationskoeffizient) erreicht, sind als weitere Schritte:

- das nichtlineare Verhalten der Einflussgrößen,
- die Wechselwirkung der Einflussgrößen

zu formulieren und zu berechnen.

Ergeben diese Maßnahmen nicht die notwendigen Verbesserungen des Bestimmtheitsmaßes, so ist das Beschreibungsmodell unvollständig und es ist zu untersuchen, welche zusätzlichen Einflussgrößen/Parameter die Ursache-Wirkung-Beziehung wesentlich mitbestimmen. Auch bei diesen weiteren Einflussgrößen kann zunächst mit einem linearen Ansatz begonnen werden.

7.3 Nichtlineare Regression (Linearisierung)

Da für die Berechnung der Regressionsfunktion lineare Zusammenhänge vorausgesetzt werden, ist bei einem nichtlinearen Zusammenhang zwischen Einflussgröße und Zielgröße zunächst eine Linearisierung durchzuführen. Ist dies nicht möglich, sind andere Methoden anzuwenden (siehe Abschn. 7.4).

Viele nichtlineare Zusammenhänge, also Abhängigkeiten, die durch Funktionen, die diese Nichtlinearität möglichst praxisnah beschreiben, sind durch mathematische Umformung so zu transformieren, dass eine einfache lineare Regression durchführbar wird.

Beispiele
Die nichtlineare Funktion

$$y = a \cdot e^{b \cdot x}$$

wird transformiert zu

$$\ln y = \ln a + b \cdot x$$

und damit

$$Y = A + b \cdot x$$

mit

$$\ln y \mathrel{\hat{=}} Y; \quad \ln a \mathrel{\hat{=}} A$$

Auch die Funktion

$$y = \frac{a \cdot x}{b + x}$$

kann durch Transformation linearisiert werden.

$$\frac{1}{y} = \frac{b + x}{a \cdot x} = \frac{x}{a \cdot x} + \frac{b}{a \cdot x}$$

und damit

$$\frac{1}{y} = \frac{1}{a} + \frac{b}{\alpha} \cdot \frac{1}{x}$$

also mit

$$\frac{1}{y} \mathrel{\widehat{=}} Y; \quad \frac{1}{a} \mathrel{\widehat{=}} A; \quad \frac{b}{a} B \quad \text{und} \quad \frac{1}{x} \mathrel{\widehat{=}} X$$

Es entsteht die lineare Funktion $Y = A + BX$.

Weitere Beispiele zur Transformation von Funktionen sind in Tab. 7.1 aufgeführt.

Sind die vorliegenden Daten nicht durch Funktionen zu beschreiben, die linearisierbar sind, ist unter Umständen der Beschreibungsbereich so aufzuteilen, dass in diesen Bereichen näherungsweise lineare Verhältnisse vorliegen. Kleine Bereiche sind oft näherungsweise linear.

Die Beschreibung eines nichtlinearen Zusammenhanges kann auch mit Polynomen erfolgen. Der erste Grad eines Polynoms ist die Geradengleichung.

Tab. 7.1 Transformation von Funktionen in lineare Funktionen

Funktion	Transformierte Funktion (linearisiert)
$y = a \cdot x^b$	$\ln y = \ln a + b \cdot \ln x$
$y = a \cdot e^{b \cdot x}$	$\ln y = \ln a + b \cdot x$
$y = a \cdot e^{\frac{b}{x}}$	$\ln y = \ln a + \frac{b}{x}$
$y = \frac{1}{a + b \cdot x}$	$\frac{1}{y} = a + b \cdot x$
$y = \frac{1}{a + b \cdot e^{-x}}$ $a > 0;\ b > 0$	$\frac{1}{y} = a + b \cdot e^{-x}$
$y = \frac{a \cdot x}{b + x}$ $a > 0;\ b > 0$	$\frac{1}{y} = \frac{1}{a} + \frac{b}{a} \cdot \frac{1}{x}$
$y = a + b \cdot x + c \cdot x^2$	$y = a + b \cdot x + c \cdot z$ mit $x^2 = z$

Ein Polynom zweiten Grades beschreibt eine Krümmung, also

$$y = a + b_1 x + b_2 x^2$$

Wird der Grad des Polynoms weiter erhöht, also ein Polynom dritten Grades, so entsteht eine Funktion mit einem Wendepunkt

$$y = a + b_1 \cdot x + b_2 \cdot x^2 + b_3 \cdot x^3$$

Die Anpassung eines Polynoms anhand der Daten (curve fitting) kann aber nicht mehr mit der Methode der Linearisierung und anschließender geschlossener Berechnung erfolgen. Allerdings erfolgt auch die Berechnung des Polynoms nach der Methode der kleinsten Quadratssumme (Minimierung der Quadratssumme – C. F. Gauß).

Zur Berechnung dieser Polynome werden numerische Analyseprogramme verwendet. Statistische Pakete (Software) enthalten diese numerischen Methoden. Auf diese Methoden wird hier nicht eingegangen.

Mit der Erhöhung des Polynomgrades nimmt die Beschreibungsgüte zu, die Interpretationsmöglichkeit im Allgemeinen ab, sofern nicht ein physikalisch-technischer Hintergrund mit dem zu interpretierenden Polynom vorliegt.

7.4 Mehrfache lineare und nichtlineare Regression

Die mehrfache (multiple) Regression für den linearen Fall (Polynom erster Ordnung) mit

$$f(x_1 \ldots x_n, a_o, a_1 \ldots a_{n12}) = a_o + a_1 \cdot x_1 + \ldots a_n \cdot x_n$$

hat die Residuen e

$$\begin{aligned} e_1 &= a_o + a_1 x_{11} + \ldots + a_n x_{n,1} - y_1 \\ &\vdots \\ e_i &= a_o + a_1 x_{1,i} + \ldots + a_n x_{n,i} - y_i \\ &\vdots \\ e_j &= a_o + a_1 x_{1,j} + \ldots + a_n x_{n,j} - y_j \end{aligned}$$

Dieses Gleichungssystem wird üblicherweise vereinfacht dargestellt in der Form

$$\underline{e} = A\underline{a} - \underline{y}$$

Darin sind in der Spaltenmatrix $\underline{e}$ die Residuen e_i zusammengefasst, die Matrix A enthält die Basisfunktionswerte der Einflussgrößen $(x_{1,i} \ldots x_{n,j})$; $\underline{a}$ ist die Parametermatrix über alle a_i und $\underline{y}$ die Spaltenmatrix der einzelnen y_i-Werte.

Sind die zufälligen Fehler (siehe Abschn. 4.1.2) klein gegenüber den Residuen, so ist davon auszugehen, dass mindestens eine weitere Einflussgröße (Parameter) vorliegt.

Die Lösung dieses Gleichungssystems erfolgt über alle Residuen von e_1 bis e_j mit der Maßgabe der Minimierung der Abstandsquadratsumme:

$$\text{Min} \sum_{i=1}^{j} e_i^2$$

Das Gleichungssystem ist bestimmt, wenn es so viele Gleichungen wie Unbekannte hat ($i + 1 = j$). Es ist unterbestimmt, wenn es weniger Gleichungen als Unbekannte hat und überbestimmt, wenn es mehr Gleichungen hat ($i + 1 > j$).

Das bestimmte System hat mindestens eine Lösung, das überbestimmte System eventuell eine Lösung und ein unterbestimmtes System eine Lösungsschar.

Die Lösung des Gleichungssystems erfolgt allgemein numerisch. Statistische Software-Pakete enthalten dazu Lösungsprogramme/Lösungsstrategien (zum Beispiel MATLAB, EXCEL).

Der klassische Zugang erfolgt über die Lösung des inhomogenen Gleichungssystems (Anwendung der Cramerschen Regel).

Bestimmte Gleichungssysteme (eine Lösung) mit zwei oder drei Unbekannten, also (x_1; x_2) oder (x_1; x_2; x_3) sind lösbar mit:

- dem Additionsverfahren (Verfahren der gleichen Koeffizienten)
- dem Einsetzungsverfahren (Substitutionsverfahren)
- dem Gleichsetzungsverfahren (Kombinationsverfahren)

Voraussetzung ist, dass die Gleichungen voneinander unabhängig sind und sich nicht widersprechen. Widersprechen sich die Gleichungen, hat das System keine Lösung. Sind Gleichungen im System voneinander abhängig, so entstehen unendlich viele Lösungen.

Auch bestimmte Gleichungssysteme mit zwei Unbekannten zweiten Grades lassen sich mit den gleichen vorgenannten Verfahren für lineare Systeme lösen.

Einfache Polynommodelle der Form $y = a_o + a_1x_1 + a_{11}x_1^2 + e$ lassen sich durch Umdefinieren von $a_{11}x_1^2$ in a_2x_2 in die lineare Ausgleichsfunktion, im Beispiel mit zwei Variablen überführen

$$y = a_o + a_1x_1 + a_2x_2 + e$$

Lassen sich die Gleichungen nicht linearisieren, so liegen (echte) multiple nicht-lineare Gleichungssysteme vor.

$$e_i = a_o + a_1 f_1(x_1) + \ldots + a_n f_n(x_n) - y_i$$

$f_1(x_1) \ldots f_n(x_n)$ sind nichtlineare Funktionen.

In bestimmten Fällen kann eine Reihenentwicklung der nichtlinearen Funktionen nützlich sein.

Es ist sinnvoll, vorab ein Bild von der Nichtlinearität zu erstellen, das mathematische Modell vorzugeben. Ausgangspunkt dazu sind physikalisch-technische Betrachtungen (Theorie) oder auch logische Ableitungen.

Die Lösung des Gleichungssystems erfordert ein interaktives Verfahren, um die Anpassung der nichtlinearen Gleichungen an die Datenpunkte/Messpunkte mit einem Minimum der Abstandsquadratsumme zu realisieren.

Es gibt also kein direktes Verfahren für die Lösung des Gleichungssystems, wie es zum Beispiel beim linearen Fitten (anpassen) existiert, dass eine eindeutige Lösung erzeugt.

Bei dem interaktiven Lösungsverfahren ist es im Allgemeinen erforderlich Startwerte vorzugeben. Sie beeinflussen das Konvergenzverhalten.

7.5 Beispiele zur Regression

Beispiel: Korrelationen von Stahleigenschaften

Seit langem ist im Maschinenbau bekannt, dass ein Zusammenhang zwischen Zugfestigkeit R_m und Härtewerten bei un- und niedriglegierten Stählen besteht. In der Tab. 7.2 sind Werte von Zugfestigkeit R_m, Brinellhärte HB und Vickershärte HV und die daraus berechneten Faktoren für die Umrechnung aufgeführt.

Mit einer gewissen Toleranz kann damit der Zusammenhang zwischen Zugfestigkeit R_m und Brinellhärte HBW (EN ISO 6506-1, W-Widiakugel) bestimmt werden:

$$R_m\,[\text{MPa}] \approx 3{,}5\,\text{HBW}$$

Und in ähnlicher Weise berechnet sich der Zusammenhang zwischen Zugfestigkeit R_m und Vickershärte HV (nach DIN 501500) zu:

$$R_m\,[\text{MPa}] \approx (3{,}2\ldots3{,}3)\,\text{HV}$$

Trotz ungleicher Spannungszustände gilt diese Proportionalität. Das heißt auch, dass Zusammensetzung und Gefüge unter der Prüfbeanspruchung in diesem Fall (etwa) gleichen

Tab. 7.2 Zugfestigkeit, Brinellhärte und Vickershärte von Stahl; Auszug aus [2]

Zugfestigkeit [MPa]	Brinellhärte HB		Vickershärte HV 10	
		Faktor		Faktor
1485	437	3,40	460	3,23
1630	475	3,43	500	3,26
1810	523	3,46	550	3,29
1995	570	3,50	600	3,33
2180	618	3,52	650	3,35
		$\overline{x} = 3{,}46$		$\overline{x} = 3{,}29$

Einfluss haben. Dadurch ist es möglich eine Eigenschaft durch eine andere auszudrücken. An Stelle der zerstörenden Festigkeitsprüfung kann eine Prüfung auch an Bauteilen in der laufenden Fertigung durchgeführt werden. Die signifikanten Einflussgrößen wirken auf beide Eigenschaften in gleicher Art ein, der Zusammenhang ist linear.

Beispiel: Einfluss physikalischer Strukturgrößen auf die Zugfestigkeit von Polystyrol [3]

Bestimmung des Einflusses der physikalischen Strukturgrößen Orientierung der Makromoleküle, Nahordnung der Moleküle und energieelastische Eigenspannung auf die Zugfestigkeit von amorphem Polystyrol.

Durch versuchstechnische Maßnahmen wurde sichergestellt, dass die Einflussgrößen (Strukturgrößen) voneinander unabhängig variiert werden konnten.

Die Berechnung des funktionellen Zusammenhanges erfolgte mit einem Polynom zweiter Ordnung (multiple nichtlineare Regression).

$$\begin{aligned} R_m\,[\mathrm{N/mm^2}] = {} & 34{,}127 + 23{,}123 \cdot \ln(1+\varepsilon_x) + 0{,}106(\ln(1+\varepsilon_x))^2 \\ & + 0{,}039 \cdot \sigma_{\mathrm{EZ}} - 0{,}0015\sigma_{\mathrm{EZ}}^2 - 6146{,}620 \cdot \Delta\rho/\rho_2 \\ & - 27.594.410(\Delta\rho/\rho_2)^2 \end{aligned}$$

Darin sind:

$\ln(1+\varepsilon_x)$	Messgröße für die Orientierung der Makromoleküle mit ε_x – Verstreckgrad,
$\Delta\rho/\rho_2$	Dichteänderung durch die Änderung der Nahordnung,
σ_{EZ}	energieelastische Eigenspannung durch den thermischen Gradient (Abkühlung), im Beispiel bei Zugfestigkeit die Zugeigenspannung.

Bezugsdichte für die Berechnung $\rho_2 = 1{,}04465\,\mathrm{g/cm^3}$, Bestimmtheitsmaß $B = 0{,}9915$. Die Ergebnisse zeigt Abb. 7.5.

Bemerkenswert ist der lineare Zusammenhang zwischen dem Orientierungsgrad und der Zugfestigkeit. Obwohl die Regression mit einem Polynom zweiter Ordnung durchgeführt wurde, ergab sich ein linearer Zusammenhang. Da für die Messgröße $\ln(1+\varepsilon_x)c = \Delta N_x/N$ gilt, mit N Gesamtzahl der Bindungsvektoren und N_x-Anzahl der Bindungsvektoren in x-Richtung, folgt damit der physikalisch sinnvolle Zusammenhang, dass die Festigkeit mit der Anzahl der Bindungsvektoren in der Beanspruchungsrichtung linearer steigt.

Auch der Einfluss der Dichteänderung und der Zugeigenspannungen wird formal richtig wiedergegeben. Da mit zunehmender Dichte auch die Anzahl der Bindungsvektoren ansteigt, nimmt auch die Festigkeit zu. Die Zugeigenspannung ist eine Vorlast. Mit ihrem Anstieg fällt die gemessene Zugfestigkeit. Die Nichtlinearitäten bei der Dichteänderung und der Änderung der Zugeigenspannung ergeben sich daraus, weil diese Größen über den Querschnitt der Zugproben verteilt sind. Des Weiteren erfolgt bei der Berechnung die Anpassung an die Messwerte nach C. F. Gauß.

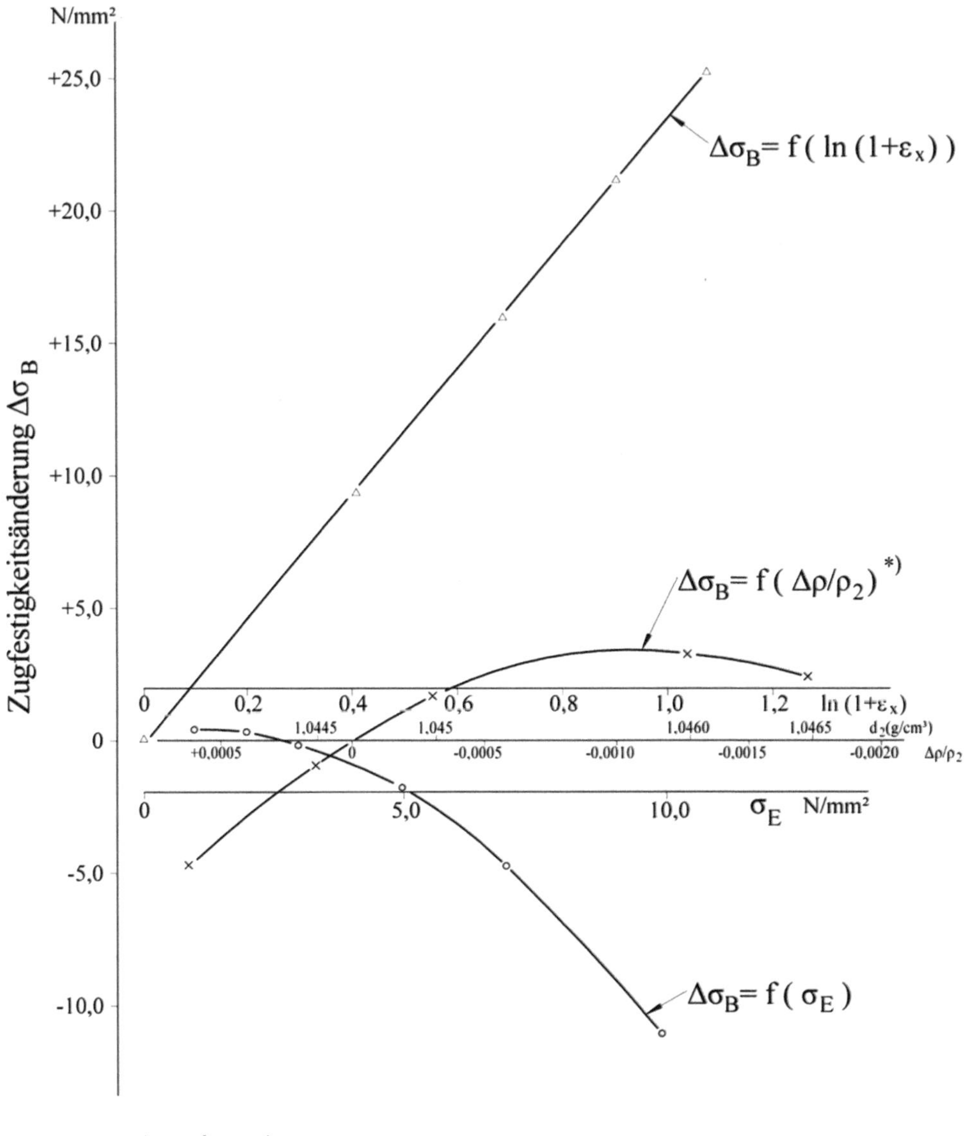

Abb. 7.5 Änderung der Zugfestigkeit von Polystyrol in Abhängigkeit von den Strukturgrößen Orientierung, energieelastische Eigenspannung und Nahordnung

Beispiel: Einstellparameter und Formteileigenschaften beim Keramikspritzgießen [1] Berechnung der Zusammenhänge zwischen den Einstellparametern beim Keramikspritzgießen und Formteileigenschaften.

In Kap. 1 wurde für die vorgenannte Aufgabe der statistische Versuchsplan dargestellt. Verwendet wurde ein Box-Hunter-Plan mit den Einflussgrößen: Einspritzvolumen x_1 [cm^3], Verzögerungszeit bei der GIT-Technik x_2 [s], Gasdruck x_3 [bar] und Gasdruckdauer x_4 [s].

Zielgrößen sind: Blasenlänge [mm], Wandstärke [mm], Masse [g] und Rissbildung (Risslänge) [mm].

Für eine ausgewählte Materialmischung A wurden durch Regression folgende lineare Beziehungen ohne Berücksichtigung von Wechselwirkung berechnet:

Blasenlänge y_B

$$\begin{aligned} y_B\,[\text{mm}] &= -171.727{,}3 + 13.741{,}8x_1 - 7293{,}5x_2 - 4{,}04x_3 - 238{,}851x_4 \\ B &= 0{,}92 \end{aligned}$$

Wandstärke y_W

$$\begin{aligned} y_W\,[\text{mm}] &= -2390{,}8 + 186{,}3x_1 - 2{,}409x_2 + 0{,}0641x_3 + 3{,}7995x_4 \\ B &= 0{,}56 \end{aligned}$$

Masse y_M

$$\begin{aligned} y_M\,[\text{g}] &= 2159{,}0 - 170{,}2x_1 + 111{,}73x_2 + 0{,}0015x_3 - 4{,}996x_4 \\ B &= 0{,}84 \end{aligned}$$

Risslänge y_R

$$\begin{aligned} y_R\,[\text{mm}] &= -68.783{,}9 + 5299{,}8x_1 + 1269{,}03x_2 + 2{,}7120x_3 + 181{,}127x_4 \\ B &= 0{,}71 \end{aligned}$$

Wird die Materialmischung geändert (Mischung B) werden folgende Korrelationskoeffizienten/Bestimmtheitsmaße erhalten:

Blasenlänge: $B = 0{,}88$; $r = 0{,}938$
Wandstärke: $B = 0{,}63$; $r = 0{,}794$
Gewicht: $B = 0{,}59$; $r = 0{,}768$
Risslänge: $B = 0{,}61$; $r = 0{,}781$

Daraus ist zu ersehen, dass auf die Regression der vier ausgewählten Einflussgrößen mit den Zielgrößen weitere Parameter Einfluss haben. Im vorgenannten Fall mindestens Parameter, welche die Zusammensetzung beschreiben. Des Weiteren ist zu untersuchen, ob nichtlineare Abhängigkeiten und/oder Wechselwirkung vorliegen.

Beispiel: Abhängigkeit von Formteileigenschaften [4]
Präzisionsspritzgießen, die Herstellung von Kunststoffformteilen in engen Toleranzen, ist in vielen Anwendungsbereichen eine Notwendigkeit. Und unter den Bedingungen einer Null-Fehlerproduktion ist die produktionsnahe Fertigungskontrolle eine Bedingung.

Untersucht wurden die Formteilabmessungen einer Platine aus Polyoxymethylen (POM) mit Abmessungen von ca. 32 mm × ca. 15 mm × max. ca. 4 mm.

Variiert wurden folgende Spritzgießparameter:

- Werkzeugtemperatur T_W 80–120 °C
- Massetemperatur T_M 180–210 °C
- Einspritzdruck p_E 1000–1400 bar
- Einspritzzeit t_E 7–13 s
- Einspritzgeschwindigkeit v_E 20–60 % der max. Einspritzgeschwindigkeit (Allrounder-Spritzgießmaschine der Fa. Arburg)

Zur Anwendung kam ein Box-Hunter-Plan mit den vorgenannten Parametern. Bei 5 Parametern ergeben sich insgesamt 52 Versuche aus 2^5 Eckpunkten, $2 \cdot 5$ Achsenwerten und $2 \cdot 5$ Zentrumsversuche des Versuchsplans (siehe dazu auch Abschn. 1.2.4)

Die standardisierten Werte für die Spritzgießparameter sind dann:

$$0; -1; +1; -2{,}4; +2{,}4$$

d. h. eine Variation in 5 Stufen. Gegenüber eines konventionellen Versuchsplans mit insgesamt 5^5 (Stufen · exp. Einflussgrößen), also 3125 Versuchen ergibt sich eine erhebliche Einsparung.

Durch die Variation in 5 Stufen können auch Nichtlinearitäten und Wechselwirkungen zwischen Einflussgrößen und Zielgröße berechnet werden.

Ergebnisse
Die Abhängigkeit der Gesamtlänge L vom Einspritzdruck p_E bei den Bedingungen $T_W = 100\,°\mathrm{C}$, $T_M = 195\,°\mathrm{C}$, $t_E = 10\,\mathrm{s}$ und $v_E = 40\,\%$ berechnet sich aus den Versuchsergebnissen zu

$$L\,[\mathrm{mm}] = 32{,}1056 + 0{,}002 \cdot p_E$$

bei einem Korrelationskoeffizient von $r = 0{,}9412$.

Unter den Bedingungen $T_W = 100\,°\mathrm{C}$ und $t_E = 10\,\mathrm{s}$ ergibt sich für die Masse m folgende Abhängigkeit

$$m\,[\mathrm{g}] = 1{,}3298 + 0{,}0001 \cdot p_E$$

mit dem Korrelationskoeffizienten $r = 0{,}9032$.

Massetemperatur und Einspritzgeschwindigkeit hatten dabei keinen Einfluss.

Der Zusammenhang von Gesamtlänge und Gewicht ist in Abb. 7.6 gezeigt. Die Regressionsrechnung ergibt folgende Funktion

$$L\,[\mathrm{mm}] = 27{,}5605 + 3{,}4067 \cdot m$$

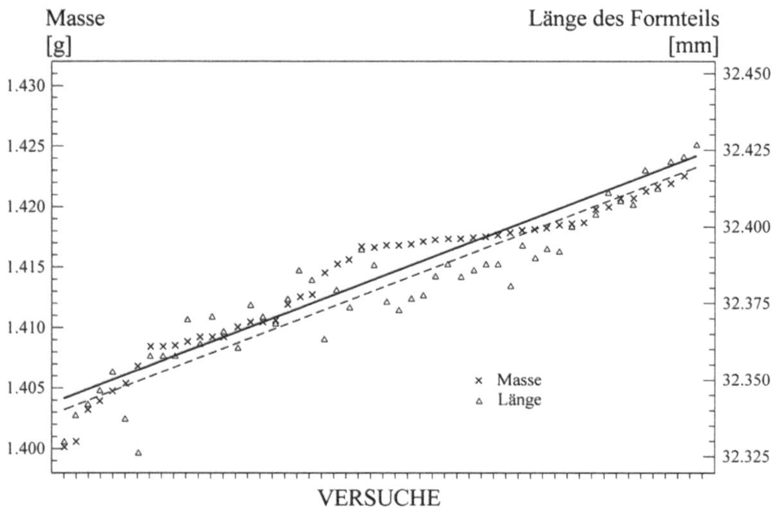

Abb. 7.6 Formteilmasse und -länge im untersuchten Verarbeitungsbereich

Es besteht ein sehr hoher statistischer Zusammenhang wie aus der Abb. 7.6 zu ersehen ist, $r = 0{,}9303$. Damit bestätigt sich die praktizierte gravimetrische Fertigungsüberwachung in der Kunststofftechnik als leistungsfähige Methode. Dies insbesondere bei Klein- und Präzisionsteilen.

Literatur

1. Schiefer, H.: Spritzgießen von keramischen Massen mit der Gas-Innendruck-Technik. Vortrag, IHK Pforzheim, 24.11.1998 (1998)
2. Innorat: Umrechnung Zugfestigkeit – Härte. http://www.innorat.ch/Umrechnung+Zugfestigkeit+Härte_u2_72.html. Zugegriffen: 19. Sept. 2017
3. Schiefer, H.: Beitrag zur Beschreibung des Zusammenhanges zwischen physikalischer Struktur und technischer Eigenschaft bei amorphem Polystyrol. Dissertation, Technische Hochschule Carl Schorlemmer Leuna-Merseburg (1976)
4. Beiter, N.: Präzistionsspritzgießen – Bedingungen und Formteilcharakteristik. Diplomarbeit, Fachhochschule Furtwangen (31. März 1994)

Anhang

A.1 Tabellen zur Standardnormalverteilung

Tab. A1.1 Werte der Standardnormalverteilung, einseitiger Vertrauensbereich

$\Phi(x)$ Flächeninhalt,
x Abstand vom Maximum der Standardnormalverteilung

$$\Phi(-x) = 1 - \Phi(x)$$

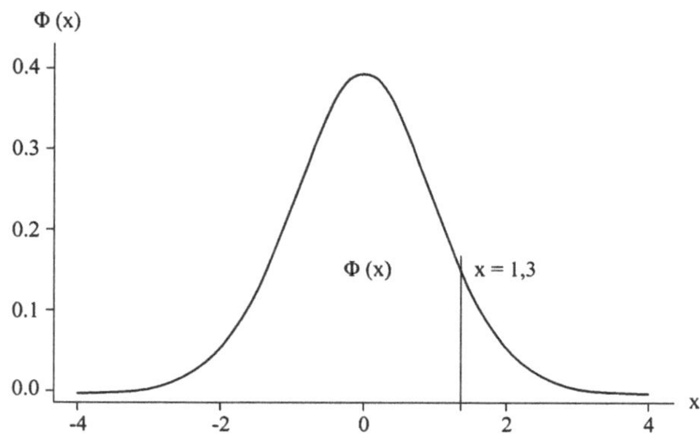

x	0	0,01	0,02	0,03	0,04	0,05	0,06	0,07	0,08	0,09
0,0	0,50000	0,50399	0,50798	0,51197	0,51595	0,51994	0,52392	0,527908	0,53188	0,53586
0,1	0,53983	0,54380	0,54776	0,55172	0,55567	0,55962	0,56356	0,56749	0,57142	0,57535
0,2	0,57926	0,58317	0,58706	0,59095	0,59483	0,59871	0,60257	0,60642	0,61026	0,61409
0,3	0,61791	0,62172	0,62552	0,62930	0,63307	0,63683	0,64058	0,64431	0,64803	0,65173
0,4	0,65542	0,65910	0,66276	0,66640	0,67003	0,67364	0,67224	0,68082	0,48439	0,68793
0,5	0,69146	0,69497	0,69847	0,70194	0,70540	0,70884	0,71226	0,71566	0,71904	0,72240
0,6	0,72575	0,72907	0,73237	0,73565	0,73891	0,74215	0,74537	0,74857	0,75175	0,75490
0,7	0,75804	0,76115	0,76424	0,76730	0,77035	0,77337	0,77637	0,77935	0,78230	0,78524
0,8	0,78814	0,79103	0,79389	0,79673	0,79955	0,80234	0,80511	0,80785	0,81057	0,81327
0,9	0,81594	0,81859	0,82121	0,82381	0,82639	0,82894	0,83147	0,83398	0,83646	0,83891
1,0	0,84134	0,84375	0,84614	0,84849	0,85083	0,85314	0,85543	0,85769	0,85993	0,86214

H. Schiefer, F. Schiefer, *Statistik für Ingenieure*, https://doi.org/10.1007/978-3-658-20640-6

Tab. A1.2 Werte der Standardnormalverteilung, einseitiger Vertrauensbereich

$\Phi(x)$ Flächeninhalt

x	0	0,01	0,02	0,03	0,04	0,05	0,06	0,07	0,08	0,09
1,1	0,86433	0,86650	0,86864	0,87076	0,87286	0,87493	0,87698	0,87900	0,88100	0,88298
1,2	0,88493	0,88686	0,88877	0,89065	0,89251	0,89435	0,89617	0,89796	0,89973	0,90147
1,3	0,90320	0,90490	0,90658	0,90824	0,90988	0,91149	0,91309	0,91466	0,91621	0,91774
1,4	0,91924	0,92073	0,92220	0,92364	0,92507	0,92647	0,92785	0,92922	0,93056	0,93189
1,5	0,93319	0,93448	0,93574	0,93699	0,93822	0,93943	0,94062	0,94179	0,94295	0,94408
1,6	0,94520	0,94630	0,94738	0,94845	0,94950	0,95053	0,95154	0,95254	0,95352	0,95449
1,7	0,95543	0,95637	0,95728	0,95818	0,95907	0,95994	0,96080	0,96164	0,96246	0,96327
1,8	0,96407	0,96485	0,96562	0,96638	0,96712	0,96784	0,96856	0,96926	0,96995	0,97062
1,9	0,97128	0,97193	0,97257	0,97320	0,97381	0,97441	0,97500	0,97558	0,97615	0,97670
2,0	0,97725	0,97778	0,97831	0,97882	0,97932	0,97982	0,98030	0,98077	0,98124	0,98169
2,1	0,98214	0,98257	0,98300	0,98341	0,98382	0,98422	0,98461	0,98500	0,98537	0,98574
2,2	0,98610	0,98645	0,98679	0,98713	0,98745	0,98778	0,98809	0,98840	0,98870	0,98899
2,3	0,98928	0,98956	0,98983	0,99010	0,99036	0,99061	0,99086	0,99111	0,99134	0,99158
2,4	0,99180	0,99202	0,99224	0,99245	0,99266	0,99286	0,99305	0,99324	0,99343	0,99361
2,5	0,99379	0,99396	0,99413	0,99430	0,99446	0,99461	0,99477	0,99492	0,99506	0,99520
2,6	0,99534	0,99547	0,99560	0,99573	0,99585	0,99598	0,99609	0,99621	0,99632	0,99643
2,7	0,99653	0,99664	0,99674	0,99683	0,99693	0,99702	0,99711	0,99720	0,99728	0,99736
2,8	0,99744	0,99752	0,99760	0,99767	0,99774	0,99781	0,99788	0,99795	0,99801	0,99807
2,9	0,99813	0,99819	0,99825	0,99831	0,99836	0,99841	0,99846	0,99851	0,99856	0,99861
3,0	0,99865	0,99869	0,99874	0,99878	0,99882	0,99886	0,99889	0,99893	0,99896	0,99900
3,1	0,99903	0,99906	0,99910	0,99913	0,99916	0,99918	0,99921	0,99924	0,99926	0,99929
3,2	0,99931	0,99934	0,99936	0,99938	0,99940	0,99942	0,99944	0,99946	0,99948	0,99950
3,3	0,99952	0,99953	0,99955	0,99957	0,99958	0,99960	0,99961	0,99962	0,99964	0,99965
3,4	0,99966	0,99968	0,99969	0,99970	0,99971	0,99972	0,99973	0,99974	0,99975	0,99976
3,5	0,99977	0,99978	0,99978	0,99979	0,99980	0,99981	0,99981	0,99982	0,99983	0,99983
3,6	0,99984	0,99985	0,99985	0,99986	0,99986	0,99987	0,99987	0,99988	0,99988	0,99989
3,7	0,99989	0,99990	0,99990	0,99990	0,99991	0,99991	0,99992	0,99992	0,99992	0,99992
3,8	0,99993	0,99993	0,99993	0,99994	0,99994	0,99994	0,99994	0,99995	0,99995	0,99995
3,9	0,99995	0,99995	0,99996	0,99996	0,99996	0,99996	0,99996	0,99996	0,99997	0,99997
4,0	0,99997	0,99997	0,99997	0,99997	0,99997	0,99997	0,99998	0,99998	0,99998	0,99998

Beispiel: $\Phi(1,3) = 0,90320$ (90,32 %)
Für alle $x > 4{,}9$, $\Phi(x) \approx 1{,}0$ (100 %)

Tab. A1.3 Die Werte der Standardnormalverteilung in Abhängigkeit von x und S

Beispiele:

x	Einseitiger Vertrauensbereich $(S = 1 - \frac{\alpha}{2})$	Zweiseitiger Vertrauensbereich $(S = 1 - \alpha)$
1,000	84,1345 %	68,2689 %
1,500	93,3193 %	86,6386 %
1,960	97,5000 %	95,0000 %
2,000	97,7250 %	95,4500 %
2,500	99,3790 %	98,7581 %
2,576	99,5000 %	99,0000 %
3,000	99,8650 %	99,7300 %
3,500	99,9767 %	99,9535 %
3,891	99,9950 %	99,9900 %
4,000	99,9968 %	99,9937 %

Die x-Werte werden bei Zählwerten auch als λ-Werte bezeichnet.

A.2 Tabellen zur t-Verteilung

Tab. A2.1 Werte der t-Verteilung

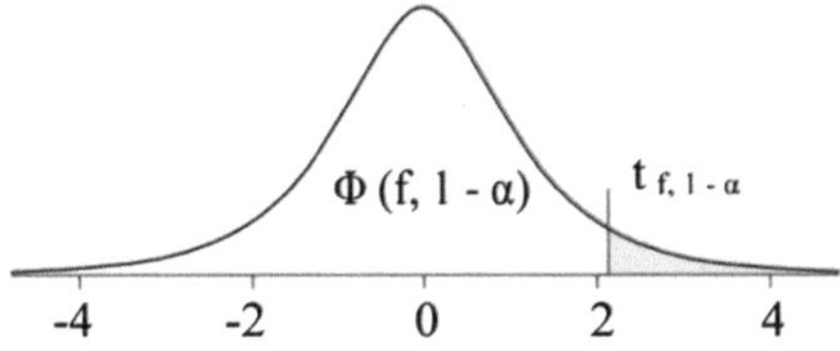

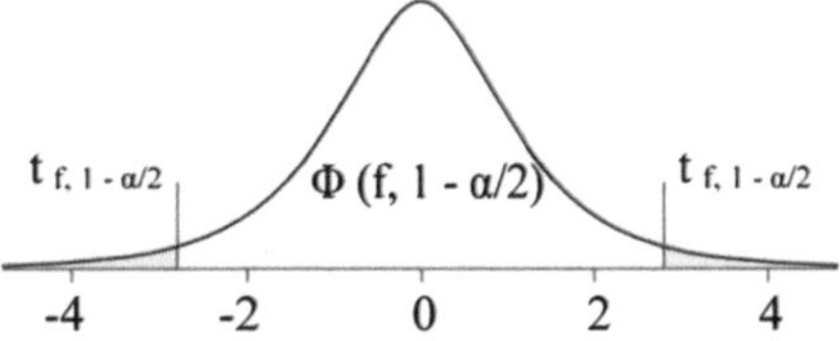

f	Zweiseitiger Vertrauensbereich						
	0,8	0,9	0,95	0,98	0,99	0,998	0,999
	Einseitiger Vertrauensbereich						
	0,90	0,95	0,975	0,99	0,995	0,999	0,9995
1	3,078	6,314	12,706	31,821	63,657	318,309	636,578
2	1,886	2,920	4,303	6,965	9,925	22,327	31,600
3	1,638	2,353	3,182	4,541	5,841	10,215	12,924
4	1,533	2,132	2,776	3,747	4,604	7,173	8,610
5	1,476	2,015	2,571	3,365	4,032	5,893	6,869
6	1,440	1,943	2,447	3,143	3,707	5,208	5,959
7	1,415	1,895	2,365	2,998	3,499	4,785	5,408
8	1,397	1,860	2,306	2,896	3,355	4,501	5,041
9	1,383	1,833	2,262	2,821	3,250	4,297	4,781
10	1,372	1,812	2,228	2,764	3,169	4,144	4,587
11	1,363	1,796	2,201	2,718	3,106	4,025	4,437
12	1,356	1,782	2,179	2,681	3,055	3,930	4,318
13	1,350	1,771	2,160	2,650	3,012	3,852	4,221
14	1,345	1,761	2,145	2,624	2,977	3,787	4,140
15	1,341	1,753	2,131	2,602	2,947	3,733	4,073
16	1,337	1,746	2,120	2,583	2,921	3,686	4,015
17	1,333	1,740	2,110	2,567	2,898	3,646	3,965
18	1,330	1,734	2,101	2,552	2,878	3,610	3,922
19	1,328	1,729	2,093	2,539	2,861	3,579	3,883
20	1,325	1,725	2,086	2,528	2,845	3,552	3,850

Freiheitsgrad $f = n - 1$

Tab. A2.2 Werte der t-Verteilung

f	Zweiseitiger Vertrauensbereich						
	0,8	0,9	0,95	0,98	0,99	0,998	0,999
	Einseitiger Vertrauensbereich						
	0,90	0,95	0,975	0,99	0,995	0,999	0,9995
21	1,323	1,721	2,080	2,518	2,831	3,527	3,819
22	1,321	1,717	2,074	2,508	2,819	3,505	3,792
23	1,319	1,714	2,069	2,500	2,807	3,485	3,768
24	1,318	1,711	2,064	2,492	2,797	3,467	3,745
25	1,316	1,708	2,060	2,485	2,787	3,450	3,725
26	1,315	1,706	2,056	2,479	2,779	3,435	3,707
27	1,314	1,703	2,052	2,473	2,771	3,421	3,689
28	1,313	1,701	2,048	2,467	2,763	3,408	3,674
29	1,311	1,699	2,045	2,462	2,756	3,396	3,660
30	1,310	1,697	2,042	2,457	2,750	3,385	3,646
40	1,303	1,684	2,021	2,423	2,704	3,307	3,551
50	1,299	1,676	2,009	2,403	2,678	3,261	3,496
60	1,296	1,671	2,000	2,390	2,660	3,232	3,460
80	1,292	1,664	1,990	2,374	2,639	3,195	3,416
100	1,290	1,660	1,984	2,364	2,626	3,174	3,390
200	1,286	1,653	1,972	2,345	2,601	3,131	3,340
300	1,284	1,650	1,968	2,339	2,592	3,118	3,323
500	1,283	1,648	1,965	2,334	2,586	3,107	3,310
∞	1,282	1,645	1,960	2,326	2,576	3,090	3,290

Freiheitsgrad $f = n - 1$
Mit $f \to \infty$ geht die t-Verteilung in die Standardnormalverteilung über.
Beispiel: $f = \infty$: $(1 - \alpha) = 0{,}9995$: $t = 3{,}29$

A.3 Tabellen zur *F*-Verteilung

Tab. A3.1 Werte der F-Verteilung $1 - \alpha = 0{,}95$

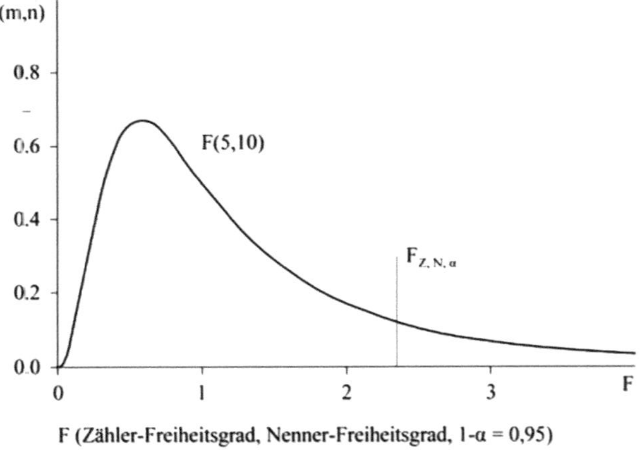

Zähler - Freiheitsgrad

Nenner - Freiheitsgrad	1	2	3	4	5	6	7	8	9	10	15	20	30	40	50	100	∞
1	161	200	216	225	230	234	237	239	241	242	246	248	250	251	252	253	254
2	18,5	19,0	19,2	19,3	19,3	19,3	19,4	19,4	19,4	19,4	19,4	19,5	19,5	19,5	19,5	19,5	19,5
3	10,1	9,55	9,28	9,12	9,01	8,94	8,89	8,85	8,81	8,79	8,70	8,66	8,62	8,59	8,58	8,55	8,53
4	7,71	6,94	6,59	6,39	6,26	6,16	6,09	6,04	6,00	5,96	5,86	5,80	5,75	5,72	5,70	5,66	5,63
5	6,61	5,79	5,41	5,19	5,05	4,95	4,88	4,82	4,77	4,74	4,62	4,56	4,50	4,46	4,44	4,41	4,37
6	5,99	5,14	4,76	4,53	4,39	4,28	4,21	4,15	4,10	4,06	3,94	3,87	3,81	3,77	3,75	3,71	3,67
7	5,59	4,74	4,35	4,12	3,97	3,87	3,79	3,73	3,68	3,64	3,51	3,44	3,38	3,34	3,32	3,27	3,23
8	5,32	4,46	4,07	3,84	3,69	3,58	3,50	3,44	3,39	3,35	3,22	3,15	3,08	3,04	3,02	2,98	2,93
9	5,12	4,26	3,86	3,63	3,48	3,37	3,29	3,23	3,18	3,14	3,01	2,94	2,86	2,83	2,80	2,76	2,71
10	4,96	4,10	3,71	3,48	3,33	3,22	3,13	3,07	3,02	2,98	2,85	2,77	2,70	2,66	2,64	2,59	2,54
15	4,54	3,68	3,29	3,06	2,90	2,79	2,71	2,64	2,59	2,54	2,40	2,33	2,25	2,20	2,18	2,12	2,07
20	4,35	3,49	3,10	2,87	2,71	2,60	2,51	2,45	2,39	2,35	2,20	2,12	2,04	1,99	1,97	1,91	1,84
30	4,17	3,32	2,92	2,69	2,53	2,42	2,33	2,27	2,21	2,16	2,02	1,93	1,84	1,79	1,76	1,70	1,62
40	4,08	3,23	2,84	2,61	2,45	2,34	2,25	2,18	2,12	2,08	1,92	1,84	1,74	1,69	1,66	1,59	1,51
50	4,03	3,18	2,79	2,56	2,40	2,29	2,20	2,13	2,07	2,03	1,87	1,78	1,69	1,63	1,60	1,52	1,44
100	3,94	3,09	2,70	2,46	2,31	2,19	2,10	2,03	1,98	1,93	1,77	1,68	1,57	1,51	1,48	1,39	1,28
∞	3,84	3,00	2,60	2,37	2,21	2,10	2,01	1,94	1,88	1,83	1,67	1,57	1,46	1,39	1,35	1,24	1,01

Tab. A3.2 Werte der F-Verteilung $1 - \alpha = 0{,}975$

Zähler - Freiheitsgrad

Nenner - Freiheitsgrad

	1	2	3	4	5	6	7	8	9	10	15	20	30	40	50	100	∞
1	647,8	799,5	564,2	599,6	921,8	937,1	948,2	956,7	963,3	968,6	984,9	993,1	1001	1006	1009	1013	1018
2	38,51	39,00	39,17	39,25	39,30	39,33	39,36	39,37	39,39	39,40	39,43	39,45	39,46	39,47	39,48	39,49	39,50
3	17,44	16,04	15,44	15,10	14,88	14,73	14,62	14,54	14,47	14,42	14,25	14,17	14,08	14,04	14,01	13,96	13,90
4	12,22	10,65	9,979	9,605	9,364	9,197	9,074	8,930	8,905	8,844	8,657	8,560	8,461	8,411	8,381	8,319	8,257
5	10,01	8,434	7,764	7,388	7,416	6,978	6,853	6,757	6,681	6,619	6,428	6,329	6,227	6,175	6,144	6,030	6,015
6	8,813	7,250	6,599	6,227	5,988	5,820	5,695	5,600	5,523	5,461	5,269	5,165	5,065	5,012	4,980	4,915	4,849
7	8,073	6,542	5,590	5,523	5,285	5,119	4,995	4,899	4,823	4,761	4,569	4,467	4,362	4,309	4,276	4,210	4,142
8	7,571	6,059	5,416	5,053	4,817	4,652	4,529	4,433	4,357	4,295	4,101	3,999	3,894	3,840	3,807	3,739	3,670
9	7,209	5,715	5,078	4,715	4,484	4,320	4,197	4,102	4,026	3,964	3,769	3,667	3,560	3,505	3,472	3,403	3,333
10	6,937	5,456	4,826	4,468	4,236	4,072	3,950	3,855	3,779	3,717	3,520	3,419	3,311	3,255	3,221	3,152	3,080
15	6,200	4,765	4,153	3,804	3,576	3,415	3,293	3,199	3,123	3,060	2,862	2,756	2,644	2,585	2,549	2,474	2,395
20	5,871	4,461	3,859	3,515	3,289	3,128	3,007	2,913	2,837	2,774	2,573	2,464	2,349	2,287	2,249	2,170	2,085
30	5,566	4,182	3,559	3,250	3,026	2,867	2,746	2,651	2,275	2,511	2,307	2,195	2,074	2,009	1,968	1,882	1,787
40	5,424	4,051	3,463	3,126	2,904	2,744	2,624	2,529	2,452	2,388	2,182	2,068	1,943	1,875	1,832	1,741	1,637
50	5,340	3,975	3,390	3,054	2,833	2,674	2,553	2,458	2,381	2,317	2,109	1,993	1,866	1,796	1,752	1,656	1,545
100	5,179	3,828	2,250	2,917	2,696	2,537	2,417	2,321	2,244	2,179	1,968	1,849	1,715	1,640	1,592	1,483	1,347
∞	5,024	3,689	3,116	2,786	2,367	2,409	2,288	2,192	2,114	2,048	1,833	1,705	1,588	1,484	1,428	1,296	1,000

Tab. A3.3 Werte der F-Verteilung $1 - \alpha = 0{,}99$

Zähler - Freiheitsgrad (Spalten); Nenner - Freiheitsgrad (Zeilen)

	1	2	3	4	5	6	7	8	9	10	15	20	30	40	50	100	∞
1	4052	4999	5403	5625	5764	5859	5928	5981	6022	6056	6157	6209	6261	6287	6303	6334	6366
2	98,50	99,00	99,17	99,25	99,30	99,33	99,36	99,37	99,39	99,40	99,43	99,45	99,47	99,47	99,48	99,49	99,50
3	34,12	30,82	29,46	28,71	28,24	27,91	27,67	27,49	27,35	27,23	26,87	26,69	26,50	26,41	26,35	26,24	26,13
4	21,20	18,00	16,69	15,98	15,32	15,21	14,98	14,80	14,66	14,55	14,20	14,02	13,84	13,75	13,69	13,58	13,46
5	16,26	13,27	12,06	11,39	10,97	10,67	10,46	10,29	10,16	10,05	9,722	9,553	9,379	9,291	9,238	9,130	9,020
6	13,75	10,92	9,780	9,148	8,746	8,466	8,260	8,102	7,976	7,874	7,539	7,396	7,229	7,143	7,091	6,937	6,880
7	12,25	9,547	8,541	7,847	7,460	7,191	6,993	6,840	6,719	6,620	6,314	6,155	5,992	5,908	5,858	5,755	5,650
8	11,26	8,649	7,591	7,006	6,632	6,371	6,178	6,029	5,911	5,814	5,515	5,359	5,195	5,116	5,065	4,963	4,859
9	10,56	8,022	6,992	6,422	6,057	5,802	5,613	5,467	5,351	5,257	4,962	4,808	4,694	4,567	4,517	4,415	4,311
10	10,04	7,559	6,552	5,994	5,636	5,386	5,200	5,057	4,942	4,849	4,558	4,405	4,247	4,165	4,155	4,014	3,909
15	8,683	6,359	5,417	4,893	4,556	4,318	4,142	4,004	3,895	3,805	3,522	3,372	3,214	3,132	3,081	2,977	2,868
20	8,096	5,849	4,939	4,431	4,103	3,871	3,699	3,564	3,457	3,368	3,088	2,938	2,778	2,695	2,643	2,535	2,421
30	7,562	5,390	4,510	4,018	3,699	3,473	3,304	3,173	3,067	2,979	2,700	2,549	2,386	2,299	2,245	2,131	2,006
40	7,314	5,179	4,313	3,826	3,514	3,291	3,124	2,993	2,888	2,801	2,522	2,369	2,203	2,114	2,058	1,938	1,805
50	7,171	5,057	4,199	3,720	3,048	3,186	3,020	2,890	2,785	2,698	2,419	2,265	2,098	2,007	1,949	1,825	1,693
100	6,895	4,824	3,984	3,513	3,206	2,988	2,823	2,694	2,590	2,503	2,223	2,067	1,893	1,797	1,735	1,598	1,427
∞	6,635	4,605	3,782	3,319	3,017	2,802	2,639	2,511	2,407	2,321	2,039	1,878	1,696	1,592	1,523	1,358	1,000

A.4 Tabelle zur Chi-Quadrat-Verteilung

Tab. A4.1 Werte der Chi-Quadrat-Verteilung

	$1-\alpha$					
f	0,900	0,950	0,975	0,990	0,995	0,999
1	2,71	3,84	5,02	6,63	7,88	10,83
2	4,61	5,99	7,38	9,21	10,60	13,82
3	6,25	7,81	9,35	11,34	12,84	16,27
4	7,78	9,49	11,14	13,28	14,86	18,47
5	9,24	11,07	12,83	15,09	16,75	20,52
6	10,64	12,59	14,45	16,81	18,55	22,46
7	12,02	14,07	16,01	18,48	20,28	24,32
8	13,36	15,51	17,53	20,09	21,95	26,12
9	14,68	16,92	19,02	21,67	23,59	27,88
10	15,99	18,31	20,48	23,21	25,19	29,59
12	18,55	21,03	23,34	26,22	28,30	32,91
14	21,06	23,68	26,12	29,14	31,32	36,12
16	23,54	26,30	28,85	32,00	34,27	39,25
18	25,99	28,87	31,53	34,81	37,16	42,31
20	28,41	31,41	34,17	37,57	40,00	45,31
22	30,81	33,92	36,78	40,29	42,80	48,27
24	33,20	36,42	39,36	42,98	45,56	51,18
26	35,56	38,89	41,92	45,64	48,29	54,05
28	37,92	41,34	44,46	48,28	50,99	56,89
30	40,26	43,77	46,98	50,89	53,67	59,70
40	51,81	55,76	59,34	63,69	66,77	73,40
50	63,17	67,50	71,42	76,15	79,49	86,66
60	74,40	79,08	83,30	88,38	91,95	99,61
70	85,53	90,53	95,02	100,43	104,21	112,32
80	96,58	101,88	106,63	112,33	116,32	124,84
90	107,57	113,15	118,14	124,12	128,30	137,21
100	118,50	124,34	129,56	135,81	140,17	149,45
200	226,02	233,99	241,06	249,45	255,26	267,54
300	331,79	341,40	349,87	359,91	366,84	381,43
400	436,65	447,63	457,31	468,72	476,61	493,13
500	540,93	553,13	563,85	576,49	585,21	603,45

Weiterführende Literatur

Bücher[1]

1. Bandemer, H. (Hrsg.): Theorie und Anwendung der optimalen Versuchsplanung. Akademie Verlag, Berlin (1977)
2. Bandemer, H., Bellmann, A.: Statistische Versuchsplanung, 4. Aufl. Teubner-Verlag, Leipzig (1994)
3. Bleymüller, J., Gehlert, G.: Statistische Formeln, Tabellen und Statistik-Software, 11. Aufl. Vahlen, München (2011)
4. Bortz, J., Lienert, G. A., Boehnke, K.: Verteilungsfreie Methoden in der Biostatistik, 3. Aufl. Springer, Heidelberg (2008)
5. Bortz, J., Schuster, C.: Statistik für Human- und Sozialwissenschaftler, 7. Aufl. Springer, Berlin, Heidelberg (2010)
6. Box, G. E. P., Hunter, W. G., Hunter, J. S.: Statistics for Experimenters Design, Innovation and Discovery. Wiley & Sons, Hoboken, New Jersey (2005)
7. Büning, H.: Trenkler, Goetz: Nichtparametrische statistische Methoden, 2. Aufl. de Gruyter, Berlin, New York (1994)
8. Czado, C., Schmidt, T.: Mathematische Statistik, 1. Aufl. Springer, Berlin, Heidelberg (2011)
9. Dümbgen, L.: Einführung in die Statistik. Springer, Basel (2016)
10. Fahrmeir, L., Künstler, R., Pigeot, I., Tutz, G.: Statistik: Der Weg zur Datenanalyse, 7. Aufl. Springer, Berlin, Heidelberg (2012)
11. Falk, M., Hain, J., Marohn, F., Fischer, H., Michel, R.: Statistik in Theorie und Praxis, 1. Aufl. Springer, Berlin, Heidelberg (2014)
12. Fisz, M.: Wahrscheinlichkeitsrechnung und mathematische Statistik, 11. Aufl. Dt. Verlag der Wissenschaften, Berlin (1989)
13. Georgii, H.-O.: Stochastik. Einführung in die Wahrscheinlichkeitstheorie und Statistik, 4. Aufl. Walter de Gruyter, Berlin, New York (2009)
14. Graf, U., Henning, H.-J., Stange, K., Wilrich, P.-T., : Formeln und Tabellen der angewandten mathematischen Statistik, 3. Aufl. Springer, Berlin, Heidelberg (1998)
15. Hartung, J., Elpelt, B., Klösener, K.-H.: Statistik, 15. Aufl. Oldenbourg Verlag, München (2009)
16. Henze, N.: Stochastik für Einsteiger, 7. Aufl. Vieweg & Teubner Verlag, (2008). Springer, 10. Auflage 2013, Wiesbaden
17. Hering, E., Triemel, J., Blank, H.-P. (Hrsg.): Qualitätsmanagement für Ingenieure, 5. Aufl. Springer, Berlin, Heidelberg (2003)

[1] Die Auflistung erhebt keinen Anspruch auf Vollständigkeit.

18. Hering, E., Triemel, J., Blank, H.-P. (Hrsg.): Qualitätssicherung für Ingenieure, 5. Aufl. VDI-Verlag, Düsseldorf (2003)
19. Klein, B.: Versuchsplanung – DoE, 2. Aufl. de Gruyter, Oldenburg (2007)
20. Kleppmann, W.: Versuchsplanung. Produkte und Prozesse optimieren, 9. Aufl. Hanser, München, Wien (2016)
21. Kohn, W.: Statistik, 1. Aufl. Springer, Berlin, Heidelberg (2005)
22. Liebscher, U.: Anlegen und Auswerten von technischen Versuchen – eine Einführung. Fortis-Verlag FH (Manz Verlag Schulbuch), Wien (1999)
23. Mohr, R.: Statistik für Ingenieure und Naturwissenschaftler, 3. Aufl. expert Verlag, Renningen (2014)
24. Müller-Funk, U., Wittig, H.: Mathematische Statistik. Teubner Verlag, Stuttgart (1995)
25. Nollau, V.: Statistische Analysen. Mathematische Methoden der Planung und Auswertung von Versuchen, 2. Aufl. Birkhäuser, Basel (1979)
26. Papula, L.: Mathematik für Ingenieure und Naturwissenschaftler, 6. Aufl. Bd. 3. Springer Vieweg, Wiesbaden (2011)
27. Rinne, H., Mittag, H.-J.: Statistische Methoden der Qualitätssicherung, 3. Aufl. Hanser, Wien (1994)
28. Rinne, H.: Taschenbuch der Statistik, 4. Aufl. Verlag Harri Deutsch, Frankfurt am Main (2008)
29. Rooch, A.: Statistik für Ingenieure. Springer Spektrum, Berlin, Heidelberg (2014)
30. Ross, S. M.: Statistik für Ingenieure und Naturwissenschaftler, 3. Aufl. Spektrum Akademischer Verlag, Wiesbaden (2006)
31. Sachs, L.: Statistische Methoden 2: Planung und Auswertung. Springer, Berlin, Heidelberg (2013)
32. Sachs, L.: Statistische Methoden: Planung und Auswertung, 11. Aufl. Springer, Berlin, Heidelberg (2004)
33. Scheffler, E.: Statistische Versuchsplanung und -auswertung, 3. Aufl. Deutscher Verlag für Grundstoffindustrie, Leipzig (1997)
34. Schmeink, L.: Beschreibende Statistik. Verlag Books on Demand, Hamburg (2011)
35. Sieberts, K., van Bebber, D., Hochkirchen, T.: Statistische Versuchsplanung – Design of Experiments (DoE), 1. Aufl. Springer, Berlin, Heidelberg (2010)
36. Storm, R.: Wahrscheinlichkeitsrechnung, mathematische Statistik und statistische Qualitätskontrolle, 12. Aufl. Hanser, München (2007)
37. Vogt, H.: Methoden der Statistischen Qualitätskontrolle. Springer Vieweg, Wiesbaden (1988)
38. Voß, W.: Taschenbuch der Statistik, 1. Aufl. Fachbuchverlag Leipzig, Leipzig (2000)

Normen

39. DIN 1319 Grundlagen der Messtechnik, Teil 1 bis 4
40. DIN 53803 Probenahme, Teil 1–4
41. DIN 53804 Statistische Auswertung; Teil 1–4, 13
42. DIN 55303 Statistische Auswertung von Daten, Teil 2, 5, 7
43. DIN 55350 Begriffe der Qualitätssicherung und Statistik, Teil 1, 11–18, 21–24, 31, 33, 34
44. DIN 13303 Stochastik; Teil 1: Wahrscheinlichkeitstheorie, Gemeinsame Grundbegriffe der mathematischen und der beschreibenden Statistik; Begriffe und Zeichen; Teil 2: Mathematische Statistik; Begriffe und Zeichen
45. DIN ISO 2859 Annahmestichprobenprüfung anhand der Anzahl fehlerhafter Einheiten oder Fehler (Attributprüfung) Teil 1 bis 5, 10
46. DIN ISO 5725 Genauigkeit (Richtigkeit und Präzision) von Meßverfahren und Meßergebnissen, Teil 1–6, 11, 12
47. DIN ISO 16269 Statistische Auswertung von Daten, Teil 7, 8

48. DIN ISO 18414 Annahmestichprobenverfahren anhand der Anzahl fehlerhafter Einheiten
49. ISO 3534 Statistik – Begriffe und Formelzeichen; Teil 1: Wahrscheinlichkeit und allgemeine statistische Begriffe; Teil 2: Angewandte Statistik; Teil 3: Versuchsplanung
50. ISO 3951Verfahren für die Stichprobenprüfung anhand qualitativer Merkmale (Variablenprüfung)
51. ISO 5479 Statistische Auswertung von Daten
52. ISO 8550/TR Leitfaden für die Auswahl und die Anwendung von Annahmestichprobensystemen für die Prüfung diskreter Einheiten in Losen
53. VDE/VDI 2620 (nicht mehr gültig), Fortpflanzung von Fehlergrenzen bei Messungen, Blatt 1 und 2

Sachverzeichnis